普通高等教育"十二五"规划教材

电路与电工技术实验教程

主　编　陈彩蓉　戴　芳

副主编　李　询　步春媛

主　审　刘德营

中国水利水电出版社

www.waterpub.com.cn

内 容 提 要

本书是高等工科院校电类基础课程的配套实验教材,主要内容含电路及电工技术的相关实验,包括直流电路、单相交流电路、三相交流电路、变压器及电机控制等相关实验。本书力求内容详尽,通俗易懂,循序渐进地帮助读者分析并解决问题。

本书可作为高校工科本、专科生及工程技术人员的实验指导书,也可作为教师的参考书。

图书在版编目(CIP)数据

电路与电工技术实验教程 / 陈彩蓉, 戴芳主编. --
北京 : 中国水利水电出版社, 2014.8(2021.7重印)
普通高等教育"十二五"规划教材
ISBN 978-7-5170-2142-1

Ⅰ. ①电… Ⅱ. ①陈… ②戴… Ⅲ. ①电路-实验-
高等学校-教材②电工技术-实验-高等学校-教材
Ⅳ. ①TM-33

中国版本图书馆CIP数据核字(2014)第128927号

书　　名	普通高等教育"十二五"规划教材 **电路与电工技术实验教程**
作　　者	主编　陈彩蓉　戴　芳　副主编　李　询　步春媛 主审　刘德营
出版发行	中国水利水电出版社 (北京市海淀区玉渊潭南路1号D座　100038) 网址:www.waterpub.com.cn E-mail:sales@waterpub.com.cn 电话:(010)68367658(营销中心)
经　　售	北京科水图书销售中心(零售) 电话:(010)88383994、63202643、68545874 全国各地新华书店和相关出版物销售网点
排　　版	中国水利水电出版社微机排版中心
印　　刷	北京瑞斯通印务发展有限公司
规　　格	184mm×260mm　16开本　6印张　142千字
版　　次	2014年8月第1版　2021年7月第5次印刷
印　　数	7401—9400册
定　　价	**20.00**元

前言

　　近年来，随着国民经济的发展，我国电气行业得到了持续发展，因此培养电气类的专门人才和提高现有电气人员的专业素质，是高校教育工作者所面临的迫切任务。

　　本书是为电类、非电类本、专科工科学生编写的一部专业基础实验教材。全书紧密结合生产实际，将电路及电工技术等融为一体。在成书过程中，得到了多位专家和浙江天煌教学仪器设备的技术指导。在此表示衷心的感谢。

　　挂一漏万，书中错误和不足之处在所难免，恳切希望使用此书的教师、学生和工程技术人员提出批评指正意见。

编　者

2014 年 7 月

目录

前言

实验一　基本电工仪表的使用及测量误差的计算 ……………………………………………… 1

实验二　电位、电压的测定及电位图描绘 …………………………………………………………… 5

实验三　基尔霍夫定律的验证 ………………………………………………………………………… 8

实验四　线性电路叠加原理和齐次性的验证 …………………………………………………… 10

实验五　电压源与电流源的等效变换 ……………………………………………………………… 13

实验六　戴维南定理和诺顿定理的验证 ………………………………………………………… 16

实验七　受控源的设计和研究 ……………………………………………………………………… 20

实验八　二端口网络测试 …………………………………………………………………………… 25

实验九　正弦稳态交流电路相量的研究及日光灯电路功率因数的提高 ……………… 29

实验十　RC 一阶电路的响应测试 ……………………………………………………………… 33

实验十一　二阶动态电路响应的研究 ……………………………………………………………… 37

实验十二　R、L、C 元件阻抗特性的测定 ………………………………………………… 40

实验十三　交流电路频率特性的测定 ……………………………………………………………… 42

实验十四　用三表法测量电路等效参数 …………………………………………………………… 45

实验十五　RLC 串联谐振电路的研究 ………………………………………………………… 49

实验十六　周期性电压信号的峰值、平均值和有效值的测量 ……………………………… 53

实验十七　互感电路测量 …………………………………………………………………………… 56

实验十八　单相铁芯变压器特性的测试 …………………………………………………………… 59

实验十九　单相电度表的校验 ……………………………………………………………………… 62

实验二十　功率因数及相序的测量 ………………………………………………………………… 65

实验二十一　三相交流电路电压、电流及功率的测量 ………………………………………… 68

实验二十二　三相鼠笼式异步电动机 ……………………………………………………………… 74

实验二十三　三相鼠笼式异步电动机点动、自锁及正反转控制 …………………………… 79

实验二十四　三相鼠笼式异步电动机 Y −△降压启动及能耗制动控制 ………………… 85

参考文献 ……………………………………………………………………………………………… 90

实验一　基本电工仪表的使用及测量误差的计算

一、实验目的

1. 熟悉实验台上各类电源及各类测量仪表的布局和使用方法。
2. 掌握指针式电压表、电流表内阻的测量方法。
3. 熟悉电工仪表测量误差的计算方法。

二、实验原理

为了准确地测量电路中实际的电压和电流，必须保证仪表接入电路后不会改变被测电路的工作状态。这就要求电压表的内阻为无穷大、电流表的内阻为零。而实际使用的指针式电工仪表都不能满足上述要求。因此，当测量仪表一旦接入电路，就会改变电路原有的工作状态，这就导致仪表的读数值与电路原有的实际值之间出现误差。这种测量误差值的大小与仪表本身内阻值的大小密切相关。只要测出仪表的内阻，即可计算出由其产生的测量误差。以下介绍几种测量指针式仪表内阻的方法。

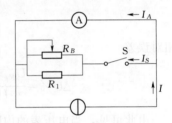

图 1-1　分流法测量电路

（1）分流法。如图 1-1 所示，Ⓐ为被测直流电流表，内阻为 R_A。测量时先断开开关 S，调节电流源的输出电流 I 使电流表指针满偏转。然后合上开关 S，并保持 I 值不变，调节电阻箱 R_B 的阻值，使电流表的指针指在 1/2 满偏转位置，此时有

$$I_A = I_S = I/2$$

可得

$$R_A = R_B /\!/ R_1$$

式中：R_1 为固定电阻器之值；R_B 可由电阻箱的刻度盘上读得。

（2）分压法。如图 1-2 所示，Ⓥ为被测电压表，内阻为 R_V。测量时先将开关 S 闭合，调节直流稳压电源的输出电压，使电压表的指针为满偏转。然后断开开关 S，调节 R_B 使电压表的指示值减半。此时有

$$R_V = R_B + R_1$$

电压表的灵敏度为

$$S = R_V / U (\Omega/V)$$

式中：U 为电压表满偏时的电压值。

仪表内阻引入的测量误差（通常称之为方法误差，仪表本身结构引起的误差称为仪表基本误差）的计算。

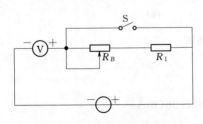

图 1-2　分压法测量电路

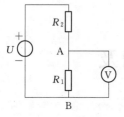

图 1-3 测量误差
计算电路图

以图 1-3 所示电路为例，R_1 上的电压为

$$U_{R_1} = \frac{R_1 U}{R_1 + R_2}$$

现用一内阻为 R_V 的电压表来测量 U_{R_1}，当 R_V 与 R_1 并联后，有

$$R_{AB} = \frac{R_V R_1}{R_V + R_1}$$

则 A、B 两点间的电压为

$$U_{R_1}' = \frac{\dfrac{R_V R_1}{R_V + R_1}}{\dfrac{R_V R_1}{R_V + R_1} + R_2} U$$

绝对误差为

$$\Delta U = U_{R_1}' - U_{R_1} = \frac{-R_1^2 R_2 U}{R_V(R_1^2 + 2R_1 R_2 + R_2^2) + R_1 R_2(R_1 + R_2)}$$

若 $R_1 = R_2 = R_V$，则得

$$\Delta U = -\frac{U}{6}$$

相对误差

$$\Delta U\% = \frac{U_{R_1}' - U_{R_1}}{U_{R_1}} \times 100\% = \frac{-U/6}{U/2} \times 100\% = -33.3\%$$

由此可见，当电压表的内阻与被测电路的电阻相近时，测得值的误差是非常大的。

伏安法测量电阻的原理为：测出流过被测电阻 R_x 的电流 I_R 及其两端的电压降 U_R，则其阻值 $R_x = U_R/I_R$。图 1-4 为伏安法测量电阻的两种电路。设电压表和电流表的内阻分别为 $R_V = 20\text{k}\Omega$，$R_A = 100\Omega$，电源 $U = 20\text{V}$，假定 R_x 的实际值为 $R_x = 10\text{k}\Omega$。现在来计算用这两种电路测量的结果误差。

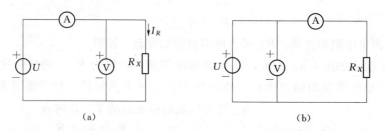

(a)　　　　　　　　　　　(b)

图 1-4 伏安法测量电阻电路图

图 1-4 (a) 中

$$I_R = \frac{U}{R_A + \dfrac{R_V R_x}{R_V + R_x}} = \frac{20}{0.1 + \dfrac{10 \times 20}{10 + 20}} = 2.96(\text{mA})$$

$$U_R = I_R \cdot \frac{R_V R_X}{R_V + R_X} = 2.96 \times \frac{10 \times 20}{10 + 20} = 19.73(\text{V})$$

$$R_X = \frac{U_R}{I_R} = \frac{19.73}{2.96} = 6.666(\text{k}\Omega)$$

相对误差

$$\Delta a = \frac{R_X - R}{R} = \frac{6.666 - 10}{10} \times 100\% = -33.4\%$$

图 1-4（b）中

$$I_R = \frac{U}{R_A + R_X} = \frac{20}{0.1 + 10} = 1.98(\text{mA}), \quad U_R = U = 20(\text{V})$$

$$R_X = \frac{U_R}{I_R} = \frac{20}{1.98} = 10.1(\text{k}\Omega)$$

相对误差

$$\Delta b = \frac{10.1 - 10}{10} \times 100\% = 1\%$$

由此例既可看出仪表内阻对测量结果的影响，也可看出采用正确的测量电路可获得较满意的结果。

三、实验设备

本实验所有实验设备见表 1-1。

表 1-1 **实 验 设 备**

序 号	名 称	型号与规格	数 量	备 注
1	可调直流稳压电源	0～30V	两路	
2	可调恒流源	0～500mA	1	
3	指针式万用表	MF-47 或其他	1	自备
4	可调电阻箱	0～9999.9Ω	1	HE-19
5	电阻器	按需选择		HE-11/HE-11A

四、实验内容

1. 根据分流法原理测定指针式万用表（MF-47型或其他型号）直流电流 0.5mA 和 5mA 档量限的内阻。电路图如图 1-1 所示。R_B 可选用 HE-19 中的电阻箱（下同）。测量数据列于表 1-2 中。

表 1-2

被测电流表量限	S 断开时的表读数（mA）	S 闭合时的表读数（mA）	R_B（Ω）	R_1（Ω）	计算内阻 R_A（Ω）
0.5mA					
5mA					

2. 根据分压法原理按图 1-2 接线，测定指针式万用表直流电压 2.5V 和 10V 档量限

的内阻。测量数据列于表 1 – 3 中。

表 1 – 3

被测电压 表量限	S 闭合时表 读数（V）	S 断开时表 读数（V）	R_B （kΩ）	R_1 （kΩ）	计算内阻 R_V （kΩ）	S （Ω/V）
2.5V						
10V						

3. 用指针式万用表直流电压 10V 档量程测量图 1 – 3 电路中 R_1 上的电压 U'_{R_1}，并计算测量的绝对误差与相对误差。测量数据列于表 1 – 4 中。

表 1 – 4

U	R_2	R_1	R_V （kΩ）	计算值 U_{R_1} （V）	实测值 U'_{R_1} （V）	绝对误差 ΔU	相对误差 （$\Delta U / U_{R_1}$）×100%
12V	10kΩ	50kΩ					

五、实验注意事项

1. 实验台上配有实验所需的恒流源，在开启电源开关前，应将恒流源的输出粗调拨到 2mA 档，输出细调旋钮调至最小。接通电源后，再根据需要缓慢调节。

2. 当恒流源输出端接有负载时，如果需要将其粗调旋钮由低档位向高档位切换时，必须先将其细调旋钮调至最小。否则输出电流会突增，可能会损坏外接器件。

3. 实验前应认真阅读直流稳压电源的使用说明书，以便在实验中能正确使用。

4. 电压表应与被测电路并联使用，电流表应与被测电路串联使用，并且都要注意极性与量程的合理选择。

5. 本实验仅测试指针式仪表的内阻。由于所选指针表的型号不同，本实验中所列的电流、电压量程及选用的 R_B、R_1 等均会不同。实验时请按选定的表型自行确定。

六、思考题

1. 根据实验内容 1 和 2，若已求出 0.5mA 档和 2.5V 档的内阻，可否直接计算得出 5mA 档和 10V 档的内阻？

2. 用量程为 10A 的电流表测实际值为 8A 的电流时，实际读数为 8.1A，求测量的绝对误差和相对误差。

七、实验报告

1. 列表记录实验数据，并计算各被测仪表的内阻值。

2. 计算绝对误差与相对误差。

3. 对思考题的计算。

4. 心得体会及其他。

实验二 电位、电压的测定及电位图描绘

一、实验目的

1. 用实验证明电路中电位的相对性、电压的绝对性。
2. 掌握电路电位图的绘制方法。

二、实验原理

在一个确定的闭合电路中，各点电位的高低视所选的电位参考点的不同而不同，但任意两点间的电位差（即电压）是绝对的，它不因参考点电位的变动而改变。因此，我们可以用一个电压表来测量出电路中各点相对于参考点的电位及任意两点间的电压。

电位图是一种平面坐标第一、第四两象限内的折线图。其纵坐标为电位值，横坐标为各被测点。要绘制某一电路的电位图，先以一定的顺序对电路中各被测点编号。以图 2-1 的电路为例，将图中的 A～F 点在横坐标轴上按顺序，均匀间隔标上 A、B、C、D、E、F、A，再根据测得的各点电位值，在各点所在的垂直线上描点，用直线依次连接相邻两个电位点，即得该电路的电位图。在电位图中，任意两个被测点的纵坐标值之差即为该两点之间的电压值。在电路中电位参考点可任意选定。对于不同的参考点，所绘出的电位图形是不同的，但其各点电位变化的规律却是一样的。

三、实验设备

本实验所用实验设备见表 2-1。

表 2-1　　　　　　　　　　　　实 验 设 备

序　号	名　　称	型号与规格	数　量	备　注
1	直流可调稳压电源	0～30V	两路	
2	万用表		1	自备
3	直流电压表	0～300V	1	
4	电位、电压测定实验电路板	HE-12	1	

四、实验内容

1. 利用 HE-12 实验箱上的"基尔霍夫定律/叠加原理"电路，按图 2-1 接线。分别将两路直流稳压电源接入电路，令 $U_1=6V$，$U_2=12V$。（先调准输出电压值，再接入实验线路中。）

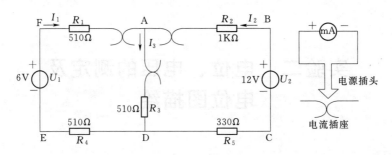

图 2-1 测定电路

2. 以图 2-1 中的 A 点作为电位的参考点，分别测量 B、C、D、E、F 各点的电位值 φ 及相邻两点之间的电压值 U_{AB}、U_{BC}、U_{CD}、U_{DE}、U_{EF} 及 U_{FA}，测量数据列于表 2-2 中。

3. 以 D 点作为参考点，重复实验内容 2 的测量，测量数据列于表 2-2 中。

表 2-2

电位参考点	φ 与 U	φ_A	φ_B	φ_C	φ_D	φ_E	φ_F	U_{AB}	U_{BC}	U_{CD}	U_{DE}	U_{EF}	U_{FA}
A	计算值[①]	—	—	—	—	—	—						
	测量值												
	相对误差	—	—	—	—	—	—						
D	计算值[①]	—	—	—	—	—	—						
	测量值												
	相对误差	—	—	—	—	—	—						

① 计算值一栏，$U_{AB}=\varphi_A-\varphi_B$，$U_{BC}=\varphi_B-\varphi_C$，以此类推。

$$相对误差=\frac{测量值-计算值}{计算值}\times100\%$$

五、实验注意事项

1. 本实验电路板是多个实验通用，本次实验中不使用电流插头和插座。HE-12 上的 K_3 应拨向 330Ω 侧，三个故障按键均不得按下。

2. 测量电位时，用指针式万用表的直流电压档或用数字直流电压表测量时，用负表棒（黑色）接参考电位点，用正表棒（红色）接被测各点。若指针正向偏转或数显表显示正值，则表明该点电位为正（即高于参考点电位）；若指针反向偏转或数显表显示负值，此时应调换万用表的表棒，然后读出数值，此时在电位值之前应加一负号（表明该点电位低于参考点电位）。数显表也可不调换表棒，直接读出负值。

六、思考题

若以 F 点为参考电位点，实验测得各点的电位值；现令 E 点作为参考电位点，试问此时各点的电位值应有什么变化？

七、实验报告

1. 根据实验数据，绘制两个电位图形，并对照观察各对应两点间的电压情况。两个电位图的参考点不同，但各点的相对顺序应一致，以便对照。

2. 完成数据表格中的计算，对误差作必要的分析。

3. 总结电位相对性和电压绝对性的原理。

4. 心得体会及其他。

实验三　基尔霍夫定律的验证

一、实验目的

1. 验证基尔霍夫定律的正确性，加深对基尔霍夫定律的理解。
2. 学会用电流插头、插座测量各支路电流的方法。

二、实验原理

基尔霍夫定律是电路的基本定律。测量某电路的各支路电流及每个元件两端的电压，应能分别满足基尔霍夫电流定律（KCL）和电压定律（KVL）。即对电路中的任一个节点而言，应有 $\sum I=0$；对任何一个闭合回路而言，应有 $\sum U=0$。

运用该定律时必须注意各支路或闭合回路中电流的正方向，此方向可预先任意设定。

三、实验设备

本实验所用实验设备见表 3-1。

表 3-1　　　　　　　　　　　实　验　设　备

序　号	名　　称	型号与规格	数　量	备　注
1	直流可调稳压电源	0~30V	两路	
2	万用表		1	自备
3	直流电压表	0~300V	1	
4	电位、电压测定实验电路板	HE-12	1	

四、实验内容

利用 HE-12 挂箱的"基尔霍夫定律/叠加原理"电路，按图 3-1 接线。实验步骤如下：

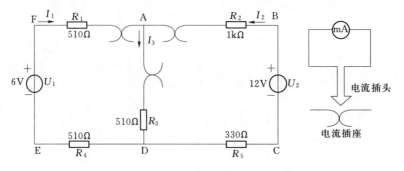

图 3-1　测量电路

1. 实验前先任意设定 3 条支路和 3 个闭合回路的电流正方向。图 3-1 中 I_1、I_2、I_3 的方向已设定。3 个闭合回路的电流正方向可设为 ADEFA、BADCB 和 FBCEF。

2. 分别将两路直流稳压电源接入电路，令 $U_1 = 6V$，$U_2 = 12V$。

3. 熟悉电流插头的结构，将电流插头的两端接至数字毫安表的"＋"、"－"两端。

4. 将电流插头分别插入 3 条支路的 3 个电流插座中，读出电流值数据并记录于表 3-2 中。

5. 用直流电压表分别测量两路电源及电阻元件上的电压值，并记录电压值数据于表 3-2 中。

表 3-2

被测量	I_1（mA）	I_2（mA）	I_3（mA）	U_1（V）	U_2（V）	U_{FA}（V）	U_{AB}（V）	U_{AD}（V）	U_{CD}（V）	U_{DE}（V）
计算值										
测量值										
相对误差										

五、实验注意事项

1. 本实验电路板是多个实验通用，HE-12 上的 K_3 应拨向 330Ω 侧，3 个故障按键均不得按下，需用到电流插座。

2. 所有需要测量的电压值，均以电压表测量的读数为准。U_1、U_2 也需测量，不应取电源本身的显示值。

3. 用指针式电压表或电流表测量电压或电流时，如果仪表指针反偏，则必须调换仪表极性，重新测量，此时指针正偏，可读电压或电流值。若用数显电压表或电流表测量，则可直接读出电压或电流值。但应注意：所读出的电压或电流值正确的正号、负号应根据设定的电流方向来判断。

六、思考题

1. 根据图 3-1 的电路参数，计算出待测的电流 I_1、I_2、I_3 和各电阻上的电压值，记入表 3-2 中，以便实验测量时，正确选定毫安表和电压表的量程。

2. 实验中，若用指针式万用表直流毫安档测各支路电流，在什么情况下可能出现指针反偏？应如何处理？在记录数据时应注意什么？若用直流电流表进行测量，会有什么显示？

七、实验报告

1. 根据实验数据，选定节点 A，验证 KCL 的正确性。

2. 根据实验数据，选定实验电路中的任一个闭合回路，验证 KVL 的正确性。

实验四　线性电路叠加原理和齐次性的验证

一、实验目的

验证线性电路叠加原理的正确性，加深对线性电路的叠加性和齐次性的认识和理解。

二、实验原理

叠加原理是指在有多个独立源共同作用的线性电路中，通过每一个元件的电流或其两端的电压，可以看成是由每一个独立源单独作用时在该元件上所产生的电流或电压的代数和。

线性电路的齐次性是指当激励信号（某独立源的值）增加或减小 K 倍时，电路的响应（即在电路中各电阻元件上所建立的电流和电压值）也将增加或减小 K 倍。

三、实验设备

本实验所有实验设备见表 4-1。

表 4-1　　　　　　　　　　　　实 验 设 备

序　号	名　　称	型 号 与 规 格	数　量	备　注
1	直流稳压电源	0～30V 可调	两路	屏上
2	万用表		1	自备
3	直流电压表	0～300V	1	屏上
4	直流电流表	0～2A	1	屏上
5	叠加原理实验电路板	HE-12	1	

四、实验内容

实验电路图如图 4-1 所示，用 HE-12 挂箱的"基尔霍夫定律/叠加原理"电路。实验步骤如下：

1. 将两路稳压源的输出分别调节为 12V 和 6V，接入 U_1 和 U_2 处。

2. 令 U_1 电源单独作用（将开关 K_1 投向 U_1 侧，开关 K_2 投向短路侧）。用直流数字电压表和毫安表（接电流插头）测量各支路电流及各电阻元件两端的电压，数据列于表 4-2 中。

3. 令 U_2 电源单独作用（将开关 K_1 投向短路侧，开关 K_2 投向 U_2 侧），重复实验步骤 2 的测量和记录，数据列于表 4-2 中。

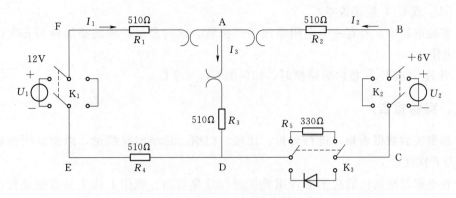

图 4-1　基尔霍夫定律/叠加原理电路图

表 4-2

测量项目＼实验内容	U_1 (V)	U_2 (V)	I_1 (mA)	I_2 (mA)	I_3 (mA)	U_{AB} (V)	U_{CD} (V)	U_{AD} (V)	U_{DE} (V)	U_{FA} (V)
U_1 单独作用										
U_2 单独作用										
U_1、U_2 共同作用										

4. 令 U_1 和 U_2 共同作用（开关 K_1 和 K_2 分别投向 U_1 和 U_2 侧），重复上述的测量和记录，数据列于表 4-2 中。

5. 将 U_2 的数值调至 +12V，重复上述步骤 3 的测量并记录，数据列于表 4-2 中。

6. 将 R_5（330Ω）换成二极管 IN4007（即将开关 K_3 投向二极管 IN4007 侧），重复步骤 1～5 的测量过程，数据列于表 4-3 中。

7. 任意按下某个故障设置按键，重复步骤 4 的测量和记录，再根据测量结果判断出故障的性质。

表 4-3

测量项目＼实验内容	U_1 (V)	U_2 (V)	I_1 (mA)	I_2 (mA)	I_3 (mA)	U_{AB} (V)	U_{CD} (V)	U_{AD} (V)	U_{DE} (V)	U_{FA} (V)
U_1 单独作用										
U_2 单独作用										
U_1、U_2 共同作用										

五、实验注意事项

1. 用电流插头测量各支路电流或者用电压表测量电压降时，应注意仪表的极性，并应正确判断测得值的"＋"、"－"号。

2. 注意仪表量程的及时更换。

六、思考题

1. 在叠加原理实验中，要令 U_1、U_2 分别单独作用，应如何操作？可否直接将不作用的电源（U_1 或 U_2）短接置零？

2. 实验电路中，若有一个电阻器改为二极管，试问叠加原理的叠加性与齐次性还成立吗？为什么？

3. 当 K_1（或 K_2）拨向短路侧时，如何测 U_{FA}（或 U_{AB}）？

七、实验报告

1. 根据实验数据表格，进行分析、比较、归纳、总结实验结论，即验证线性电路的叠加性与齐次性。

2. 各电阻器所消耗的功率能否用叠加原理计算得出？试用上述实验数据进行计算并作结论。

3. 通过实验步骤 6 及分析表 4-3 的数据，你能得出什么样的结论？

4. 心得体会及其他。

实验五　电压源与电流源的等效变换

一、实验目的

1. 掌握电源外特性的测试方法。
2. 验证电压源与电流源等效变换的条件。

二、实验原理

一个直流稳压电源在一定的电流范围内具有很小的内阻。故在实用中，常将它视为一个理想的电压源，即其输出电压不随负载电流变化。其外特性曲线，即伏安特性曲线 $U=f(I)$ 是一条平行于 I 轴的直线。

一个恒流源在实用中，在一定的电压范围内，可视为一个理想的电流源，即其输出电流不随负载两端的电压（即负载的电阻值）变化。

一个实际的电压源（或电流源），其端电压（或输出电流）不可能不随负载变化，因为它具有一定的内阻值。因此在实验中，用一个小阻值的电阻（或大电阻）与稳压源（或恒流源）相串联（或并联）来模拟实际的电压源（或电流源）。

一个实际的电源，就其外部特性而言，既可以看成是一个电压源，又可以看成是一个电流源。若视为电压源，则可用一个理想的电压源 U_S 与一个电阻 R_0 相串联的组合来表示；若视为电流源，则可用一个理想电流源 I_S 与一电导 g_0 相并联的组合来表示。如果有两个电源，他们能向同样大小的电阻供出同样大小的电流和端电压，则称这两个电源是等效的，即具有相同的外特性。一个电压源与一个电流源等效变换的条件为：

电压源变换为电流源

$$I_S=U_S/R_0，\quad g_0=1/R_0$$

电流源变换为电压源

$$U_S=I_SR_0，\quad R_0=1/g_0$$

电压源与电流源等效变换电路图如图 5-1 所示。

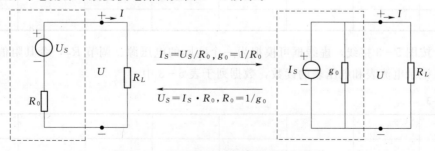

图 5-1　电压源与电流源等效变换电路图

三、实验设备

本实验所用实验设备见表 5-1。

表 5-1　　　　　　　　　　　实验设备

序　号	名　称	型号与规格	数　量	备　注
1	可调直流稳压电源	0～30V	1	屏上
2	可调直流恒流源	0～500mA	1	屏上
3	直流电压表	0～300V	1	屏上
4	直流电流表	0～2A	1	屏上
5	万用表		1	自备
6	电阻器	HE-11/HE-11A	各1	120Ω，200Ω 510Ω，1kΩ
7	电位器	HE-11/HE-11A	1	1kΩ/2W

四、实验内容

1. 测定直流稳压电源（理想电压源）与实际电压源的外特性。

（1）利用 HE-11/HE-11A 上的元件和屏上的电流插座，按图 5-2 接线。U_S 为 +12V 直流稳压电源。调节 R_2，令其阻值由大至小变化，记录两表的读数，数据列于表 5-2 中。

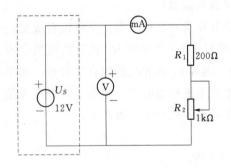

图 5-2　测定直流稳压电源电路图

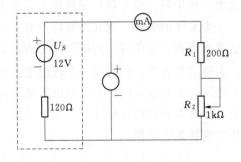

图 5-3　测定实际电压源电路图

表 5-2

U（V）					
I（mA）					

（2）按图 5-3 接线，虚线框可模拟为一个实际的电压源。调节 R_2，令其阻值由大至小变化，记录电流表和电压表的读数，数据列于表 5-3 中。

表 5-3

U（V）					
I（mA）					

2. 测定电流源的外特性。

按图 5-4 接线，I_S 为直流恒流源，调节其输出为 10mA，令 R_0 分别为 1kΩ 和 ∞（即接入和断开），调节电位器 R_L（从 0 至 1kΩ），测出这两种情况下的电压表和电流表的读数。自拟数据表格，记录实验数据。

3. 测定电源等效变换的条件。

先按图 5-5（a）线路接线，记录线路中两表的读数。然后利用图 5-5（a）中右侧的元件和仪表，按图 5-5（b）接线。调节恒流源的输出电流 I_S，使两表的读数与图 5-5（a）的数值相等，记录 I_S 的值，验证等效变换条件的正确性。

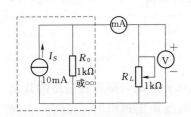
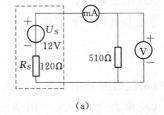
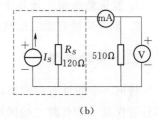

（a）　　　　　　　　　（b）

图 5-4　测定电流源外特性电路图　　　　图 5-5　电源等效变换电路图

五、实验注意事项

1. 在测电压源外特性时，不要忘记测空载时的电压值；测电流源外特性时，不要忘记测短路时的电流值。

2. 换接线路时，必须关闭电源开关。

3. 直流仪表的接入应注意极性与量程。

六、思考题

电压源与电流源的外特性为什么呈下降变化趋势，稳压源和恒流源的输出在任何负载下是否保持恒值？

七、实验报告

1. 根据实验数据绘出电源的 4 条外特性曲线，并总结、归纳各类电源的特性。

2. 从实验结果，验证电源等效变换的条件。

3. 心得体会及其他。

实验六　戴维南定理和诺顿定理的验证

一、实验目的

1. 验证戴维南定理和诺顿定理的正确性，加深对该定理的理解。
2. 掌握测量有源二端网络等效参数的一般方法。

二、实验原理

任何一个线性有源网络，如果仅研究其中一条支路的电压和电流，则可将电路的其余部分看作是一个有源二端网络（或称为含源一端口网络）。戴维南定理指出：任何一个线性有源网络，总可以用一个电压源与一个电阻的串联来等效代替，此电压源的电动势 U_s 等于这个有源二端网络的开路电压 U_{oc}，其等效内阻 R_0 等于该网络中所有独立源均置零（理想电压源视为短接，理想电流源视为开路）时的等效电阻。诺顿定理指出：任何一个线性有源网络，总可以用一个电流源与一个电阻的并联来等效代替，此电流源的电流 I_s 等于这个有源二端网络的短路电流 I_{sc}，其等效内阻 R_0 定义同戴维南定理。U_{oc}（U_s）和 R_0 或者 I_{sc}（I_s）和 R_0 称为有源二端网络的等效参数。

有源二端网络等效参数的测量方法有以下 4 种。

（1）开路电压、短路电流法测 R_0。在有源二端网络输出端开路时，用电压表直接测其输出端的开路电压 U_{oc}，然后再将其输出端短路，用电流表测其短路电流 I_{sc}，则等效内阻为 $R_0 = U_{oc}/I_{sc}$。如果二端网络的内阻很小，若将其输出端口短路则易损坏其内部元件，因此不宜用此方法。

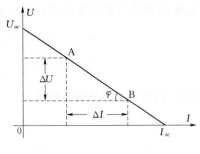

图 6-1　外特性曲线

（2）伏安法测 R_0。用电压表、电流表测出有源二端网络的外特性曲线，如图 6-1 所示。根据外特性曲线求出斜率 $\tan\varphi$，则内阻为

$$R_0 = \tan\varphi = \frac{\Delta U}{\Delta I} = \frac{U_{oc}}{I_{sc}}$$

也可以先测量开路电压 U_{oc}，再测量电流为额定值 I_N 时的输出端电压值 U_N，则内阻为

$$R_0 = \frac{U_{oc} - U_N}{I_N}$$

（3）半电压法测 R_0。电路图如图 6-2 所示。当负载电压为被测网络开路电压的一半时，负载电阻（由电阻箱的读数确定）即为被测有源二端网络的等效内阻值。

（4）零示法测 U_{oc}。在测量具有高内阻有源二端网络的开路电压时，用电压表直接测

量会造成较大的误差。为了消除电压表内阻的影响，往往采用零示测量法，如图 6-3 所示。零示法测量原理是用一低内阻的稳压电源与被测有源二端网络进行比较，当稳压电源的输出电压与有源二端网络的开路电压相等时，电压表的读数将为"0"。然后将电路断开，测量此时稳压电源的输出电压，即为被测有源二端网络的开路电压。

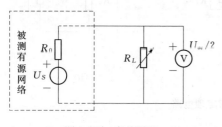
图 6-2 半电压法

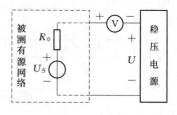
图 6-3 零示法

三、实验设备

本实验所用实验设备见表 6-1。

表 6-1　　　　　　　　　　　　实 验 设 备

序　号	名　　称	型 号 与 规 格	数　量	备　注
1	可调直流稳压电源	0～30V	1	屏上
2	可调直流恒流源	0～500mA	1	屏上
3	直流电压表	0～300V	1	屏上
4	直流电流表	0～2A	1	屏上
5	万用表		1	自备
6	可调电阻箱	HE-19	1	0～99999.9Ω
7	电位器	HE-11/HE-11A	1	1k/2W
8	戴维南定理实验电路板	HE-12	1	

四、实验内容

被测有源二端网络如图 6-4 所示。步骤如下：

1. 用 HE-12 挂箱中"戴维南定理/诺顿定理"电路。用开路电压、短路电流法测定戴维南等效电路的 U_{oc} 和 R_0。在图 6-4（a）中，接入稳压电源 $U_s = 12V$ 和恒流源 $I_s = 10mA$，不接入 R_L。利用开关 K，分别测定 U_{oc} 和 I_{sc}，并计算出 R_0。（测 U_{oc} 时，不接入毫安表。）

数据列于表 6-2 中。

表 6-2

U_{oc}（V）	I_{sc}（mA）	$R_0 = U_{oc}/I_{sc}$（Ω）

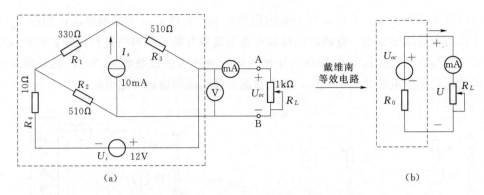

图 6-4 验证戴维南定理电路

2. 负载实验。按图 6-4（a）接入 R_L。改变 R_L 阻值，测量不同端电压下的电流值，数据列于表 6-3 中，并据此画出有源二端网络的外特性曲线。

表 6-3

R_L（Ω）								
U（V）								
I（mA）								

3. 验证戴维南定理。从电阻箱上取得按步骤 1 所得的等效电阻 R_0 值，然后令 R_0 与直流稳压电源（调到步骤 1 时测得的开路电压 U_{oc} 值）相串联，如图 6-4（b）所示，仿照步骤 2 测其外特性，对戴维南定理进行验证。数据列于表 6-4 中。

表 6-4

R_L（Ω）								
U（V）								
I（mA）								

4. 验证诺顿定理。从电阻箱上取得按步骤 1 所得的等效电阻 R_0 值，然后令 R_0 与直流恒流源（调到步骤 1 时测得的短路电流 I_{sc} 值）相并联，如图 6-5 所示，仿照步骤 2 测其外特性，对诺顿定理进行验证。数据列于表 6-5 中。

表 6-5

R_L（Ω）								
U（V）								
I（mA）								

5. 二端网络等效电阻（又称入端电阻）的直接测量法，如图 6-4（a）所示。将被测有源网络内的所有独立源置零（去掉电流源 I_s 和电压源 U_s，并在原电压源所接的两点用一根短路导线相连），然后用伏安法或者直接用万用表的欧姆挡测定负载 R_L 开路时 A、B 两点间的电阻，即为被测网络的等效内阻 R_0，或称网络的入端电阻 R_i。

6. 用半电压法和零示法测量被测网络的等效内阻 R_0 及其开路电压 U_{oc}。线路及数据表格自拟。

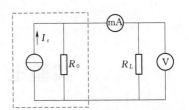

图 6-5 验证诺顿定理电路

五、实验注意事项

1. 测量时应注意电流表量程的更换。

2. 步骤 4 中，电压源置零时不可将稳压源短接。

3. 用万用表直接测 R_0 时，网络内的独立源必须先置零，以免损坏万用表。其次，欧姆挡必须经调零后再进行测量。

4. 用零示法测量 U_{oc} 时，应先将稳压电源的输出调至接近于 U_{oc}，再按图 6-3 测量。

5. 改接线路时，要关掉电源。

六、思考题

1. 在求戴维南等效电路时，作短路试验，测 I_{sc} 的条件是什么？在本实验中可否直接作负载短路实验？实验前须对线路 6-4（a）预先作好计算，以便调整实验线路及测量时准确地选取电流表和电压表的量程。

2. 说明测有源二端网络开路电压及等效内阻的几种方法，并比较其优缺点。

七、实验报告

1. 根据步骤 2 和 3，分别绘出曲线，验证戴维南定理的正确性，并分析产生误差的原因。

2. 将步骤 1、4、5 测得的 U_{oc} 与 R_0 与预习时电路计算的结果作比较，你能得出什么结论？

3. 归纳、总结实验结果。

4. 心得体会及其他。

实验七　受控源的设计和研究

一、实验目的

通过测试受控源的外特性及其转移参数，进一步理解受控源的物理概念，加深对受控源的认识和理解。

二、实验原理

电源有独立电源（如电池、发电机等）与非独立电源（或称为受控源）之分。受控源与独立源的不同点是：独立源的电势 E_s 或电流 I_s 是某一固定的数值或是时间的某一函数，它不随电路其余部分的状态而变；受控源的电势或电流则是随电路中另一支路的电压或电流而变的。受控源又与无源元件不同，无源元件两端的电压和它自身的电流有一定的函数关系，而受控源的输出电压或电流则和另一支路（或元件）的电流或电压有某种函数关系。

独立源与无源元件是二端口器件，受控源则是四端口器件，或称为双口元件。它有一

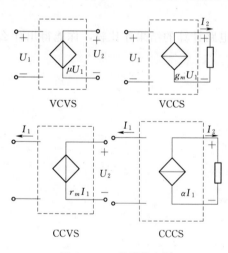

图 7-1　4 种受控电源

对输入端（U_1、I_1）和一对输出端（U_2、I_2）。输入端可以控制输出端电压或电流的大小。施加于输入端的控制量可以是电压或电流，因而有两种受控电压源（即电压控制电压源 VCVS 和电流控制电压源 CCVS）和两种受控电流源（即电压控制电流源 VCCS 和电流控制电流源 CCCS）。它们的电路符号如图 7-1 所示。受控源的输出电压（或电流）与控制支路的电压（或电流）成正比变化时，该受控源是线性的。受控源的控制端参数与受控端参数之间的关系式称为转移函数。理想受控源的控制支路中只有一个独立变量（电压或电流），另一个独立变量等于零，即从输入端口看，理想受控源可

以是短路（即输入电阻 $R_1=0$，因而 $U_1=0$）或者开路（即输入电导 $G_1=0$，因而输入电流 $I_1=0$）；从输出端口看，理想受控源可以是一个理想电压源或者是一个理想电流源。

本实验中用集成运算放大器线路来构成四种受控源。

(1) 压控电压源 VCVS。VCVS 的原理图如图 7-2 所示。其转移函数为
$$U_2=f(U_1)$$

$\mu=U_2/U_1=R_1/R_2$ 称为转移电压比或电压增益，改变 R_1、R_2 的值可获得所需的转移电压比。

（2）压控电流源 VCCS。VCCS 的原理图如图 7-3 所示。其转移函数为

$$I_2=f(U_1)$$

$g_m=I_2/U_1=1/R$ 称为转移电导，R 值确定了转移电导的值。

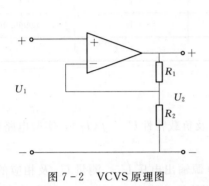

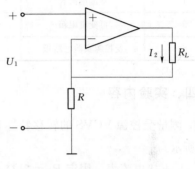

图 7-2 VCVS 原理图   图 7-3 VCCS 原理图

（3）流控电压源 CCVS。CCVS 的原理图如图 7-4 所示。其转移函数为

$$U_2=f(I_1)$$

$r_m=U_2/I_1=R$ 称为转移电阻，R 值确定了转移电阻的大小。

（4）流控电流源 CCCS。CCCS 的原理图如图 7-5 所示。其转移函数为

$$I_2=f(I_1)$$

$\alpha=I_2/I_1=1+R_1/R_2$ 称为转移电流比或电流增益，由 R_1 和 R_2 的值决定。

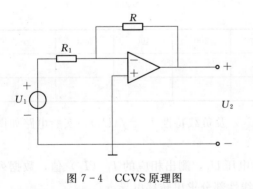

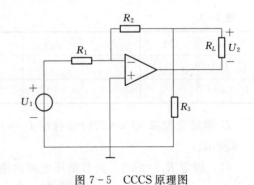

图 7-4 CCVS 原理图   图 7-5 CCCS 原理图

三、实验设备

本实验中，4 种受控源中的 R_1、R_2 和 R 均采用 1kΩ 电阻，R_L 采用 HE-19 上的电阻箱。需要测量电流时，应在所测支路中串入电流插座，再用毫安表测量电流。两个运算放大器的正、负电源已在箱内连好，只需将外部电源引入实验箱的电源插口即可工作。本实验所用实验设备见表 7-1。

表7-1   实 验 设 备

序　号	名　称	型号与规格	数　量	备　注
1	可调直流稳压源	0～30V	1	屏上
2	可调恒流源	0～500mA	1	屏上
3	直流电压表	0～300V	1	屏上
4	直流电流表	0～2A	1	屏上
5	可变电阻箱	HE-19	1	0～99999.9Ω
6	受控源实验电路板	HE-13A	1	

四、实验内容

1. 测量受控源 VCVS 的转移特性 $U_2 = f(U_1)$ 及负载特性 $U_2 = f(I_L)$，实验电路如图 7-2 所示。

（1）不接电流表。固定 $R_L = 2k\Omega$，调节稳压电源输出电压 U_1，测量 U_1 及相应的 U_2 值，数据列于表 7-2 中。在方格纸上绘出电压转移特性曲线 $U_2 = f(U_1)$，并在其线性部分求出转移电压比 μ。

表7-2

U_1（V）	0	1	2	3	5	7	8	9	μ
U_2（V）									

（2）接入电流表。保持 $U_1 = 2V$，利用电阻箱改变 R_L 的阻值，测量 U_2 及 I_L 的值，测量数据列于表 7-3 中。绘制负载特性曲线 $U_2 = f(I_L)$。

表7-3

R_L（Ω）	50	70	100	200	300	400	500	∞
U_2（V）								
I_L（mA）								

2. 测量受控源 VCCS 的转移特性 $I_L = f(U_1)$ 及负载特性 $I_L = f(U_2)$，实验电路如图 7-3 所示。

（1）固定 $R_L = 2k\Omega$，调节稳压电源的输出电压 U_1，测出相应的 I_L（I_2）值，数据列于表 7-4 中。绘制 $I_L = f(U_1)$ 曲线，并由其线性部分求出转移电导 g_m。

表7-4

U_1（V）	0.1	0.5	1.0	2.0	3.0	3.5	3.7	4.0	g_m
I_L（mA）									

（2）保持 $U_1 = 2V$，令 R_L 从大到小变化，测量相应的 I_L 及 U_2 值，数据列于表 7-5 中。绘制 $I_L = f(U_2)$ 曲线。

表 7 - 5

R_L（kΩ）	5	4	2	1	0.5	0.4	0.3	0.2	0.1	0
I_L（mA）										
U_2（V）										

3. 测量受控源 CCVS 的转移特性 $U_2 = f(I_1)$ 与负载特性 $U_2 = f(I_L)$，实验电路如图 7 - 4 所示。

（1）固定 $R_L = 2$kΩ，调节恒流源的输出电流 I_S（I_1），按下表所列 I_S 值，测量 U_2 的值，数据列于表 7 - 6 中。绘制 $U_2 = f(I_1)$ 曲线，并由其线性部分求出转移电阻 r_m。

表 7 - 6

I_1（mA）	0.1	1.0	3.0	5.0	7.0	8.0	9.0	9.5	r_m
U_2（V）									

（2）保持 $I_S = 2$mA，按下表所列 R_L 值，测量 U_2 及 I_L 的值，数据列于表 7 - 7 中。绘制负载特性曲线 $U_2 = f(I_L)$。

表 7 - 7

R_L（kΩ）	0.5	1	2	4	6	8	10
U_2（V）							
I_L（mA）							

4. 测量受控源 CCCS 的转移特性 $I_L = f(I_1)$ 及负载特性 $I_L = f(U_2)$，实验电路如图 7 - 5 所示。

（1）测量 I_L（I_2）的值，数据列于表 7 - 8 中。绘制 $I_L = f(I_1)$ 曲线，并由其线性部分求出转移电流比 α。

表 7 - 8

I_1（mA）	0.1	0.2	0.5	1	1.5	2	2.2	α
I_L（mA）								

（2）保持 I_S（I_1）= 1mA，令 R_L 为表 7 - 9 所列值，测量 I_L 的值，数据列于表 7 - 9 中。绘制 $I_L = f(U_2)$ 曲线。

表 7 - 9

R_L（kΩ）	0	0.2	0.4	0.6	0.8	1	2	5	10	20
I_L（mA）										
U_2（V）										

五、实验注意事项

1. 每次换接线路，必须事先断开供电电源，但不必关闭电源总开关。

2. 用恒流源供电的实验中，不要使恒流源的负载开路。

六、思考题

1. 受控源和独立源相比有何异同点？比较 4 种受控源的代号、电路模型、控制量与被控量的关系如何？

2. 4 种受控源中的 r_m、g_m、α 和 μ 的意义是什么？如何测得？

3. 若受控源控制量的极性反向，试问其输出极性是否发生变化？

4. 受控源的控制特性是否适合于交流信号？

七、实验报告

1. 根据实验数据，在方格纸上分别绘出 4 种受控源的转移特性和负载特性曲线，并求出相应的转移参量。

2. 对思考题作简要的回答。

3. 对实验的结果作出合理的分析和结论，总结对 4 种受控源的认识和理解。

4. 心得体会及其他。

实验八 二端口网络测试

一、实验目的

1. 加深理解二端口网络的基本理论。
2. 掌握直流二端口网络传输参数的测量技术。

二、实验原理

对于任何一个线性网络，我们所关心的往往只是输入端口和输出端口的电压和电流之间的相互关系，并通过实验测定方法求取一个极其简单的等值二端口电路来替代原网络，此即为"黑盒理论"的基本内容。

一个二端口网络两端口的电压和电流 4 个变量之间的关系，可以用多种形式的参数方程来表示。本实验采用输出端口的电压 U_2 和电流 I_2 作为自变量，以输入端口的电压 U_1 和电流 I_1 作为因变量，所得的方程称为二端口网络的传输方程，如图 8-1 所示。无源线性二端口网络（又称为四端网络）的传输方程为

图 8-1 无源线性二端口网络

$$U_1 = AU_2 + BI_2, \quad I_1 = CU_2 + DI_2$$

式中：A、B、C、D 为二端口网络的传输参数，其值完全取决于网络的拓扑结构及各支路元件的参数值。

这四个参数表征了该二端口网络的基本特性，它们的含义是：

$$A = U_{1o}/U_{2o} \quad （令 \ I_2 = 0，即输出端口开路时）$$
$$B = U_{1s}/I_{2s} \quad （令 \ U_2 = 0，即输出端口短路时）$$
$$C = I_{1o}/U_{2o} \quad （令 \ I_2 = 0，即输出端口开路时）$$
$$D = I_{1s}/I_{2s} \quad （令 \ U_2 = 0，即输出端口短路时）$$

同时测量两个端口的电压和电流，即可求出 A、B、C、D 四个参数，这就是双端口同时测量法。

若要测量一条远距离输电线构成的二端口网络，采用同时测量法就很不方便。这时可采用分别测量法，即先在输入端口加电压，将输出端口开路和短路，在输入端口测量电压和电流，由传输方程可得

$$R_{1o} = U_{1o}/I_{1o} = A/C \quad （令 \ I_2 = 0，即输出端口开路时）$$
$$R_{1s} = U_{1s}/I_{1s} = B/D \quad （令 \ U_2 = 0，即输出端口短路时）$$

然后在输出端口加电压，将输入端口开路和短路，测量输出端口的电压和电流，则可得

$$R_{2o} = U_{2o}/I_{2o} = D/C \quad (令 I_1 = 0，即输入端口开路时)$$

$$R_{2s} = U_{2s}/I_{2s} = B/A \quad (令 U_1 = 0，即输入端口短路时)$$

R_{1o}，R_{1s}，R_{2o}，R_{2s} 分别表示一个端口开路和短路时另一端口的等效输入电阻，这 4 个参数中只有 3 个是独立的

$$R_{1o}/R_{2o} = R_{1s}/R_{2s} = A/D \quad 即 \; AD - BC = 1$$

至此，可求出 4 个传输参数

$$A = \sqrt{R_{1o}/(R_{2o} - R_{2s})}$$

$$B = R_{2s}A$$

$$C = A/R_{1o}$$

$$D = R_{2o}C$$

二端口网络级联后的等效二端口网络的传输参数也可采用前述的方法求得。从理论推得两个二端口网络级联后的传输参数与每一个参加级联的二端口网络的传输参数之间有如下的关系

$$A = A_1A_2 + B_1C_2$$

$$B = A_1B_2 + B_1D_2$$

$$C = C_1A_2 + D_1C_2$$

$$D = C_1B_2 + D_1D_2$$

三、实验设备

本实验所用实验设备见表 8-1。

表 8-1　　　　　　　　　　　　实　验　设　备

序　号	名　　称	型号与规格	数　量	备　注
1	可调直流稳压电源	0~30V	1	屏上
2	直流电压表	0~300V	1	屏上
3	直流电流表	0~2A	1	屏上
4	二端口网络实验电路板	HE-12	1	

四、实验内容

二端口网络实验电路如图 8-2 所示，可利用 HE-12 实验箱的"二端口网络/互易定理"电路。将直流稳压电源的输出电压调到 10V，作为二端口网络的输入。

1. 采用同时测量法分别测定两个二端口网络的传输参数 A_1、B_1、C_1、D_1 和 A_2、B_2、C_2、D_2，并列出它们的传输方程，数据列于表 8-2 中。

表 8-2

		测　量　值			计　算　值
T形网络	输出端开路 $I_{12} = 0$	U_{11o} (V)	U_{12o} (V)	I_{11o} (mA)	$A_1 =$ $B_1 =$
	输出端短路 $U_{12} = 0$	U_{11s} (V)	I_{11s} (mA)	I_{12s} (mA)	$C_1 =$ $D_1 =$

续表

		测　量　值			计　算　值
π 形网络	输出端开路 $I_{22}=0$	U_{21o}（V）	U_{22o}（V）	I_{21o}（mA）	$A_2=$
					$B_2=$
	输出端短路 $U_{22}=0$	U_{21s}（V）	I_{21s}（mA）	I_{22s}（mA）	$C_2=$
					$D_2=$

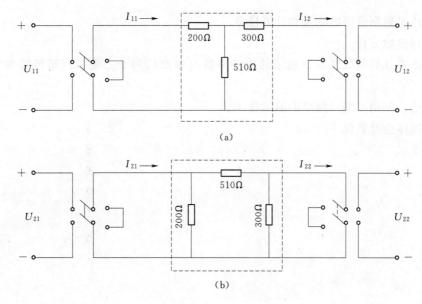

图 8-2　二端口网络

（a）T 形；（b）π 形

2. 将两个二端口网络级联，即将网络 I 的输出接至网络 II 的输入。用两端口分别测量法测量级联后等效二端口网络的传输参数 A、B、C、D，并验证等效二端口网络传输参数与级联的两个二端口网络传输参数之间的关系（总输入端或总输出端所加的电压仍为 10V）。测量数据列于表 8-3 中。

表 8-3

输出端开路 $I_2=0$			输出端短路 $U_2=0$			计算 传输参数
U_{1o}（V）	I_1（mA）	R_{1o}（kΩ）	U_{1s}（V）	I_{1s}（mA）	R_{1s}（kΩ）	
输入端开路 $I_1=0$			输入端短路 $U_1=0$			$A=$
U_{2o}（V）	I_{2o}（mA）	R_{2o}（kΩ）	U_{2s}（V）	I_{2s}（mA）	R_{2s}（kΩ）	$B=$
						$C=$
						$D=$

五、实验注意事项

1. 用电流插座测量电流时，要注意判别电流表的极性并选取适合的量程（根据所给的电路参数，估算电流表量程）。

2. 实验中，如果测得的 I 或 U 为负值，则计算传输参数时取其绝对值。

六、思考题

1. 试述二端口网络同时测量法与分别测量法的测量步骤、优缺点及适用情况。

2. 本实验方法可否用于交流二端口网络的测定？

七、实验报告

1. 完成对数据表格的测量和计算任务。

2. 列写参数方程。

3. 验证级联后等效二端口网络的传输参数与级联的两个二端口网络传输参数之间的关系。

4. 总结、归纳二端口网络的测试技术。

5. 心得体会及其他。

实验九　正弦稳态交流电路相量的研究及日光灯电路功率因数的提高

一、实验目的

1. 研究正弦稳态交流电路中电压、电流相量之间的关系。
2. 掌握日光灯电路的接线。
3. 理解改善电路功率因数的意义并掌握其方法。

二、实验原理

在单相正弦交流电路中，用交流电流表测得各支路的电流值，用交流电压表测得回路各元件两端的电压值，它们之间的关系满足相量形式的基尔霍夫定律，即

$$\sum I = 0,\ \sum U = 0$$

RC 串联电路如图 9-1 所示，在正弦稳态信号 $\dot{U}$ 的激励下，$\dot{U}_R$ 与 $\dot{U}_C$ 保持 90°的相位差，即当 R 阻值改变时，$\dot{U}_R$ 的相量轨迹是一个半圆。$\dot{U}$、$\dot{U}_C$ 与 $\dot{U}_R$ 形成一个直角电压三角形，如图 9-2 所示。R 值改变可改变 φ 角的大小，从而达到移相的目的。

日光灯电路如图 9-3 所示，图中 A 是日光灯管，L 是镇流器，S 是启辉器，C 是补偿电容器，用以改善电路的功率因数（$\cos\varphi$ 值）。有关日光灯的工作原理请自行翻阅有关资料。

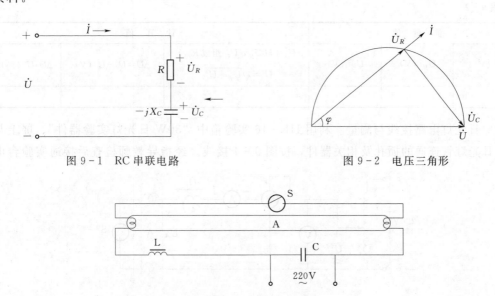

图 9-1　RC 串联电路　　　　　　　图 9-2　电压三角形

图 9-3　日光灯电路

三、实验设备

本实验所用实验设备见表 9 - 1。

表 9 - 1　　　　　　　　　　　　　实 验 设 备

序　号	名　称	型号与规格	数　量	备　注
1	交流电压表	0～500V	1	屏上
2	交流电流表	0～5A	1	屏上
3	功率表		1	屏上
4	自耦调压器		1	屏内
5	镇流器、启辉器	HE - 16	各1	与30W灯管配用
6	日光灯灯管	30W	1	屏内
7	电容器	HE - 16	各1	$1\mu F$，$2.2\mu F$，$4.7\mu F/500V$
8	白炽灯及灯座	HE - 17	1～3	220V，25W
9	电流插座		3	屏上

四、实验内容

实验步骤如下：

1. 按图 9 - 1 接线。R 为 220V、25W 的白炽灯泡，电容器为 $4.7\mu F/500V$。经指导教师检查后，接通实验台电源，将自耦调压器输出（即 U）调至 220V。记录 $\dot{U}$、$\dot{U}_R$、$\dot{U}_C$ 值，验证电压三角形关系。数据列于表 9 - 2 中。

表 9 - 2

测 量 值			计 算 值		
U（V）	U_R（V）	U_C（V）	U'（与 U_R，U_C 组成 $R_{t\Delta}$） $U'=\sqrt{U_R^2+U_C^2}$	$\Delta U=U'-U$（V）	$\Delta U/U$（%）

2. 日光灯电路接线与测量。利用 HE - 16 实验箱中"30W 日光灯实验器件"、屏上与 30W 日光灯管连通的插孔及相关器件，按图 9 - 4 接线。经指导教师检查后接通实验台电

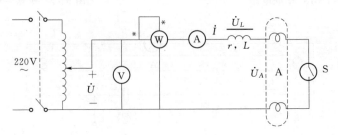

图 9 - 4　日光灯电路

源，调节自耦调压器的输出，使其输出电压缓慢增大，直到日光灯刚点亮启辉为止，记下3 个表的指示值。然后将电压调至 220V，测量功率 P、电流 I、电压 U、U_L、U_A 等值，验证电压、电流相量关系。数据列于表 9-3 中。

表 9-3

	测 量 数 值						计 算 值	
	P（W）	$\cos\varphi$	I（A）	U（V）	U_L（V）	U_A（V）	r（Ω）	$\cos\varphi$
启辉值								
正常工作值								

3. 日光灯电路功率因数的改善。利用主屏上的电流插座，按图 9-5 组成实验电路。经指导老师检查后，接通实验台电源，将自耦调压器的输出调至 220V，记录功率表、电压表读数。通过一个电流表和 3 个电流插座分别测得 3 条支路的电流，改变电容值，进行3 次重复测量。数据列于表 9-4 中。

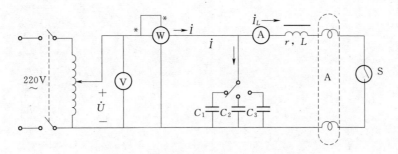

图 9-5　改善日光灯功率因素的电路

表 9-4

电容值 （μF）	测 量 数 值							计算值
	P（W）	$\cos\varphi$	U（V）	I（A）	I_L（A）	I_C（A）	I'（A）	$\cos\varphi$
0								
1								
2.2								
4.7								

五、实验注意事项

1. 本实验用 220V 交流电源，务必注意用电和人身安全。
2. 功率表要正确接入电路，读数时要注意量程和实际读数的折算关系。
3. 线路接线正确，日光灯不能启辉时，应检查启辉器是否完好及接触是否良好。

六、思考题

1. 参阅课外资料，了解日光灯的启辉原理。
2. 在日常生活中，当日光灯上缺少启辉器时，人们常用一根导线将启辉器的两端短接，然后迅速断开，使日光灯点亮；或用一个启辉器点亮多只同类型的日光灯，这是为什么？（HE－16实验箱上有短接按钮，可用它代替启辉器做一下试验。）

3. 为了提高电路的功率因数，常在感性负载上并联电容器，此时增加了一条电流支路，试问电路的总电流是增大还是减小，此时感性元件上的电流和功率是否改变？

4. 提高线路功率因数为什么只采用并联电容器法，而不用串联法？并联的电容器是否越大越好？

七、实验报告

1. 完成数据表格中的计算，进行必要的误差分析。
2. 根据实验数据，分别绘出电压、电流相量图，验证相量形式的基尔霍夫定律。
3. 讨论改善电路功率因数的意义和方法。
4. 装接日光灯线路的心得体会及其他。

实验十 RC 一阶电路的响应测试

一、实验目的

1. 测定 RC 一阶电路的零输入响应、零状态响应及完全响应。
2. 学习电路时间常数的测量方法。
3. 掌握有关微分电路和积分电路的概念。
4. 进一步学会用示波器观测波形。

二、实验原理

动态网络的过渡过程是十分短暂的单次变化过程。若用普通示波器观察过渡过程和测量有关参数，就必须使这种单次变化的过程重复出现。为此，利用信号发生器输出的方波来模拟阶跃激励信号，即利用方波输出的上升沿作为零状态响应的正阶跃激励信号；利用方波的下降沿作为零输入响应的负阶跃激励信号。只要选择方波的重复周期远大于电路的时间常数 τ，电路在这样的方波序列脉冲信号的激励下的响应就和直流电接通与断开的过渡过程是基本相同的。

RC 一阶电路如图 $10-1$ 所示。其零输入响应和零状态响应分别按指数规律衰减和增长，其变化的快慢取决于电路的时间常数 τ。

时间常数 τ 的测定方法如下：

用示波器测量零输入响应的波形如图 $10-2$ 所示。根据一阶微分方程的求解可知

$$u_c = U_{me} - t/R_C = U_{me} - t/\tau$$

当 $t = \tau$ 时，$U_c(\tau) = 0.368U_m$

此时所对应的时间为 τ。也可用零状态响应波形增加到 $0.632U_m$ 所对应的时间测得，如图 $10-3$ 所示。

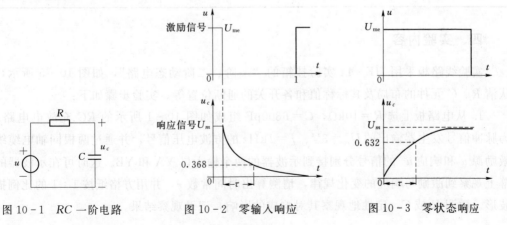

图 $10-1$ RC 一阶电路　　　图 $10-2$ 零输入响应　　　图 $10-3$ 零状态响应

微分电路和积分电路是 RC 一阶电路中较典型的电路，它对电路元件参数和输入信号的周期有特定的要求。一个简单的 RC 串联电路，在方波序列脉冲的重复激励下，当满足 $\tau = R_C \ll T/2$ 时（T 为方波脉冲的重复周期），且由 R 两端的电压作为响应输出，就是一个微分电路，因为此时电路的输出信号电压与输入信号电压的微分成正比，如图 10-4 (a) 所示。利用微分电路可以将方波转变成尖脉冲。若将图 10-4 (a) 中的 R 与 C 位置调换一下，如图 10-4 (b) 所示，由 C 两端的电压作为响应输出，当电路的参数满足 $\tau = R_C \gg T/2$ 时，就是一个积分电路，因为此时电路的输出信号电压与输入信号电压的积分成正比。利用积分电路可以将方波转变成三角波。从输入输出波形来看，上述两个电路均起着波形变换的作用，请在实验过程中仔细观察与记录。

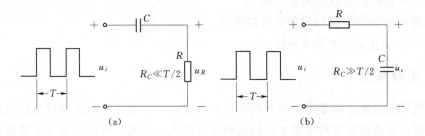

图 10-4　RC 串联电路的两种情况

(a) 微分电路；(b) 积分电路

三、实验设备

本实验所用实验设备见表 10-1。

表 10-1　　　　　　　　　　实　验　设　备

序　号	名　称	型号与规格	数　量	备　注
1	脉冲信号发生器		1	屏上
2	双踪示波器		1	自备
3	动态电路实验板	HE-14/HE-14A	1	

四、实验内容

实验线路板采用 HE-14 实验挂箱的"一阶、二阶动态电路"，如图 10-5 所示，请认清 R、C 元件的布局及其标称值和各开关的通断位置等。实验步骤如下：

1. 从电路板上选 $R = 10\text{k}\Omega$，$C = 6800\text{pF}$ 组成如图 10-1 所示的 RC 充放电电路。u 为脉冲信号发生器输出的 $U_m = 3\text{V}$，$f = 1\text{kHz}$ 的方波电压信号，并通过两根同轴电缆线将激励源 u 和响应 u_c 的信号分别接到示波器的两个输入口 YA 和 YB。这时可在示波器的屏幕上观察到激励与响应的变化规律，请测算出时间常数 τ，并用方格纸按 1:1 的比例描绘波形。微调 R 或 C，定性地观察其对响应的影响，记录观察结果。

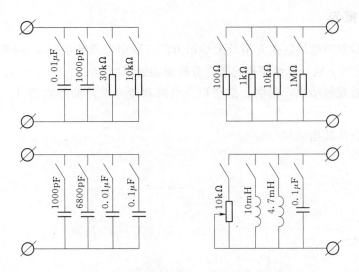

图 10 - 5　动态电路、选频电路实验板

2. 令 $R=10\text{k}\Omega$，$C=0.1\mu\text{F}$，观察并描绘响应的波形，继续增大 C 值，定性地观察其对响应的影响。

3. 令 $C=0.01\mu\text{F}$，$R=100\Omega$，组成如图 10 - 4（a）所示的微分电路。在同样的方波激励信号（$U_m=3\text{V}$，$f=1\text{kHz}$）作用下，观测并描绘激励与响应的波形。增大或减小 R 值，定性地观察其对响应的影响，并作记录。当 R 增至 $1\text{M}\Omega$ 时，输入输出波形有什么本质上的区别？

五、实验注意事项

1. 调节电子仪器各旋钮时，动作不要过快、过猛。实验前，须熟读双踪示波器的使用说明书。观察示波器时，要特别注意相应开关、旋钮的操作与调节。

2. 信号源的接地端与示波器的接地端要连在一起（称共地），以防外界干扰而影响测量的准确性。

3. 示波器的辉度不应过亮，尤其是光点长期停留在荧光屏上不动时，应将辉度调暗，以延长示波器的使用寿命。

六、思考题

1. 什么样的电信号可作为 *RC* 一阶电路零输入响应、零状态响应和完全响应的激励信号？

2. 已知 *RC* 一阶电路 $R=10\text{k}\Omega$，$C=0.1\mu\text{F}$，试计算时间常数 τ，并根据 τ 值的物理意义，拟定测量 τ 的方案。

3. 什么是积分电路和微分电路，它们必须具备什么条件？它们在方波序列脉冲的激励下，其输出信号波形的变化规律如何？这两种电路有何作用？

4. 预习要求：熟读仪器使用说明，回答上述问题，准备方格纸。

七、实验报告

1. 根据实验观测结果，在方格纸上绘出 RC 一阶电路充放电时 u_c 的变化曲线，由曲线测得 τ 值，并与 τ 的计算结果作比较，分析误差原因。

2. 根据实验观测结果，归纳、总结积分电路和微分电路的形成条件，阐明波形变换的特征。

3. 心得体会及其他。

实验十一　二阶动态电路响应的研究

一、实验目的

1. 学习用实验的方法来研究二阶动态电路的响应，了解电路元件参数对响应的影响。

2. 观察、分析二阶电路响应的 3 种状态轨迹及其特点，以加深对二阶电路响应的认识与理解。

二、实验原理

一个二阶电路在方波正、负阶跃信号的激励下，可获得零状态与零输入响应，其响应的变化轨迹取决于电路的固有频率。当调节电路的元件参数值，使电路的固有频率分别为负实数、共轭复数及虚数时，可分别获得单调衰减、衰减振荡和等幅振荡的响应，在实验中可获得过阻尼、欠阻尼和临界阻尼 3 种响应图形。

简单而典型的二阶电路是一个 RLC 串联电路或 GCL 并联电路，这两者之间存在对偶关系。本实验仅对 GCL 并联电路进行研究。

三、实验设备

本实验所用实验设备见表 11 - 1。

表 11 - 1 　　　　　　　　　　　　实 验 设 备

序　　号	名　　称	型号与规格	数　　量	备　　注
1	脉冲信号发生器		1	屏上
2	双踪示波器		1	自备
3	动态实验电路板	HE - 14/HE - 14A	1	

四、实验内容

动态电路实验板与实验十相同，如图 11 - 1 所示。利用动态电路板中的元件与开关的配合作用，组成如图 11 - 2 所示的 GCL 并联电路。令 $R_1 = 10\text{k}\Omega$，$L = 4.7\text{mH}$，$C = 1000\text{pF}$，R_2 为 $10\text{k}\Omega$ 可调电阻。令脉冲信号发生器的输出为 $U_m = 1.5\text{V}$，$f = 1\text{kHz}$ 的方波脉冲，通过同轴电缆接至图中的激励端，同时用同轴电缆将激励端和响应输出接至双踪示波器的 YA 和 YB 两个输入口。

实验步骤如下：

1. 调节可变电阻器 R_2 值，观察二阶电路的零输入响应和零状态响应由过阻尼过渡到临界阻尼，最后过渡到欠阻尼的变化过渡过程，分别定性地描绘、记录响应的典型变化

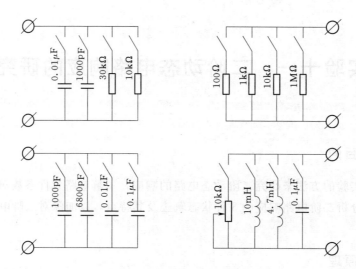

图 11-1 动态电路实验板

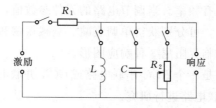

图 11-2 GCL 并联电路

波形。

2. 调节 R_2 使示波器荧光屏上呈现稳定的欠阻尼响应波形，定量测定此时电路的衰减常数 α 和振荡频率 ω_d。

3. 改变一组电路参数，例如增加减小 L 或 C 的值，重复步骤 2 的测量，并作记录。随后仔细观察改变电路参数时 ω_d 与 α 的变化趋势，并作记录。数据列于表 11-2 中。

表 11-2

电路参数	元 件 参 数				测 量 值	
实验次数	R_1	R_2	L	C	α	ω_d
1	10kΩ		4.7mH	1000pF		
2	10kΩ	调至欠阻尼状态	4.7mH	0.01μF		
3	30kΩ		4.7mH	0.01μF		
4	10kΩ		10mH	0.01μF		

五、实验注意事项

1. 调节 R_2 时，要细心、缓慢，临界阻尼要找准。

2. 观察示波器时，显示要稳定，如果不同步，则可以采用外同步法触发（看示波器说明书）。

六、思考题

1. 根据二阶动态实验电路元件的参数，计算出处于临界阻尼状态的 R_2 值。

2. 在示波器荧光屏上，如何测得二阶电路零输入响应欠阻尼状态的衰减常数 α 和振荡频率 ω_d？

七、实验报告

1. 根据观测结果，在方格纸上描绘二阶电路过阻尼、临界阻尼和欠阻尼的响应波形。

2. 测算欠阻尼振荡状态时的 α 与 ω_d。

3. 归纳、总结电路元件参数的改变对响应变化趋势的影响。

4. 心得体会及其他。

注：欠阻尼状态下 α 与 ω_d 的测算。

用示波器观察欠阻尼状态时 U_0 的波形，如图 11-3 所示，则

$$\omega_d = 2\pi / T'$$

$$\alpha = \frac{1}{T'} \ln \frac{U_2}{U_1}$$

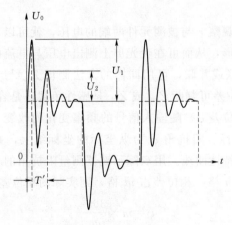

图 11-3 U_0 的波形

实验十二　R、L、C元件阻抗特性的测定

一、实验目的

1. 验证电阻、感抗、容抗与频率的关系，测定$R\sim f$、$X_L\sim f$及$X_C\sim f$特性曲线。
2. 加深理解R、L、C元件端电压与电流间的相位关系。

二、实验原理

在正弦交变信号作用下，R、L、C电路元件在电路中的抗流作用与信号的频率有关，它们的阻抗频率特性$R\sim f$，$X_L\sim f$，$X_C\sim f$曲线如图12-1所示。

元件阻抗频率特性的测量电路如图12-2所示。图中的r是提供测量回路电流用的标准小电阻，由于r的阻值远小于被测元件的阻抗值，因此可以认为AB之间的电压就是被测元件R、L或C两端的电压，流过被测元件的电流则可由r两端的电压除以r得到。

若用双踪示波器同时观察r与被测元件两端的电压，就可以观察到被测元件的电压波形和流过该元件的电流波形，从而可在荧光屏上测出电压与电流的幅值及它们之间的相位差。将元件R、L、C串联或并联，可用同样的方法测得$Z_{串}$与$Z_{并}$的阻抗频率特性$Z\sim f$，根据电压、电流的相位差可判断$Z_{串}$或$Z_{并}$是感性负载还是容性负载。

元件的阻抗角（即相位差φ）随输入信号的频率变化而改变，将各个不同频率下的相位差画在以频率f为横坐标、阻抗角φ为纵坐标的坐标纸上，并用光滑的曲线连接这些点，即得到阻抗角的频率特性曲线。用双踪示波器测量阻抗角的方法如图12-3所示。从荧光屏上数得一个周期占n格，相位差占m格，则实际的相位差φ（阻抗角）为

$$\varphi = m \times \frac{360°}{n}$$

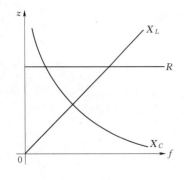

图12-1　阻抗频率特性曲线

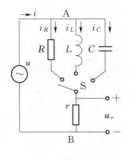

图12-2　测试电路

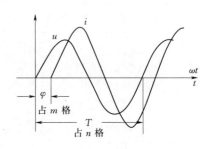

图12-3　测量阻抗角的方法

三、实验设备

本实验所用实验设备见表 12 - 1。

表 12 - 1　　　　　　　　　　实 验 设 备

序　号	名　　称	型号与规格	数　量	备　注
1	低频信号发生器		1	
2	交流毫伏表	0～600V	1	
3	双踪示波器		1	
4	频率计		1	
5	实验线路元件	HE - 16	1	$R=1\mathrm{k}\Omega$, $C=1\mu\mathrm{F}$, L 约 1H
6	电阻 r	HE - 19	1	30Ω

四、实验内容

实验步骤如下：

1. 测量 R、L、C 元件的阻抗频率特性。将低频信号发生器输出的正弦信号接至如图 12 - 2 所示的电路作为激励源 u，并用交流毫伏表测量，使激励电压的有效值为 $U=3\mathrm{V}$，并保持不变。改变信号源的输出频率，从 200Hz 逐渐增至 5kHz（用频率计测量），开关 S 分别接通 R、L、C 3 个元件，用交流毫伏表测量 U_r，并计算各频率点时的 I_R、I_L 和 I_C（即 U_r/r）以及 $R=U/I_R$、$X_L=U/I_L$、$X_C=U/I_C$ 的值。（在接通 C 测试时，信号源的频率应控制在 200～2500Hz 之间。）

2. 用双踪示波器观察在不同频率下各元件阻抗角的变化情况，按图 12 - 3 记录 n 和 m，算出 φ。表格请自行画出。

3. 测量 R、L、C 元件串联电路的阻抗角频率特性。表格请自行画出。

五、实验注意事项

1. 交流毫伏表属于高阻抗电表，测量前必须先调零。

2. 测 φ 时，示波器的"V/div"和"t/div"的微调旋钮应旋置"校准位置"。

六、思考题

测量 R、L、C 各个元件的阻抗角时，为什么要与它们串联一个小电阻？可否用一个小电感或大电容代替？为什么？

七、实验报告

1. 根据实验数据，在方格纸上绘制 R、L、C 3 个元件的阻抗频率特性曲线，从中可得出什么结论？

2. 根据实验数据，在方格纸上绘制 R、L、C 3 个元件串联的阻抗角频率特性曲线，并总结、归纳出结论。

3. 心得体会及其他。

实验十三 交流电路频率特性的测定

一、实验目的

1. 了解几种交流电路的频率特性。
2. 掌握交流电路中相关参数的测试方法。

二、实验原理

交流电路的基本元件有电阻 R、电感 L 和电容 C。用它们可以组成串联、并联或各种串、并混合电路。如果保持交流激励源的幅值不变，只改变其频率，则电路中各电容和电感元件的电流、电压的幅值和相位都随着改变，这就是交流电路的频率特性，其中幅值与频率的关系称为幅频特性，相位与频率的关系称为相频特性。本实验将测试以下 3 种交流电路的幅频特性。

1. 高通和低通滤波电路，如图 13-1 所示，其幅频特性曲线如图 13-2 所示。

由图可见，高通（低通）滤波电路中，频率越高（低），信号通过的能力就越强。当 $\omega = \omega_0 = 2\pi f_0 = \dfrac{1}{RC}$ 时，$A(\omega_0) = 0.707$，即 $U_2 = 0.707 U_1$。通常将 f_0 视为信号能通过的最低（最高）频率，称作下限（上限）频率。

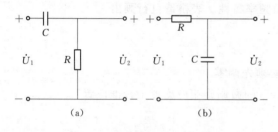

图 13-1 高通和低通滤波电路
(a) 高通；(b) 低通

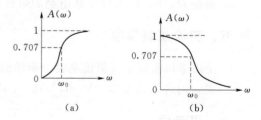

图 13-2 幅频特性曲线
(a) 高通；(b) 低通

2. 带通和带阻电路，其幅频特性曲线如图 13-3 所示。图中 $\omega_0 = 2\pi f_0 = \dfrac{1}{RC}$，在带通滤波器中，只有频率在 $\omega_1/2\pi \sim \omega_2/2\pi$ 之间的信号才能顺利通过。而在带阻滤波器中，频率在 $\omega_1/2\pi \sim \omega_2/2\pi$ 之间的信号则被阻止通过，其余频率的信号则能顺利通过。RC 文氏桥电路是一种典型的带通滤波器电路，RC 双 T 电路则是一种带阻滤波器电路。这两种电路此处不作测试。

3. RLC 串联电路和 RLC 并联电路，都是带通电路。在 RLC 的简单串联（并联）电路中，如果保持交流激励源的电压（电流）的幅值不变，只改变激励源的频率，那么电容

C 的容抗 $X_C = \dfrac{1}{2\pi fC}$ 将随频率的升高而减小，而电感 L 的感抗 $X_L = 2\pi fL$ 将随频率的升高而增加。因此，必然存在某一频率 f_0，使得 $X_C = X_L$，即 $\dfrac{1}{2\pi f_0 C} = 2\pi f_0 L$，这时就称该电路达到或处于谐振状态。谐振时的频率 $f_0 = \dfrac{1}{2\pi\sqrt{LC}}$ 称为该电路的谐振频率。处于谐振状态的串联（并联）电路呈纯阻性，L 与 C 串联（并联）支路的阻抗达到最小（最大），因而电路的电流（电压）达到最大值。这两个电路的幅频特性曲线与图 13-3（a）相同。RLC 串联电路的频率特性测试详见本书实验十五。本实验只测试 RLC 并联电路。

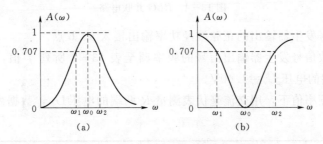

图 13-3 幅频特性曲线

（a）带通；（b）带阻

三、实验设备

本实验所用实验设备见表 13-1。

表 13-1 实 验 设 备

序　号	名　　称	型号与规格	数　量	备　注
1	函数信号发生器、频率计		1	屏上
2	交流毫伏表	0~600V	1	屏上
3	实验器件	HE-15	1	R、L、C、r 等

四、实验内容

（一）高通、低通滤波电路

1. 利用 HE-15 串联谐振电路中的 0.1μF 电容和 1kΩ 电阻（将 L 短接），按图 13-1（a）接线。

2. 令函数信号发生器输出 $10V_{P\text{-}P}$ 的正弦波接入 $\dot{U}_1$ 两端。

3. 调节函数信号发生器输出信号的频率为表 13-2 所列 f 值，保持信号幅值（$10V_{P\text{-}P}$）不变，测量每个频率值下相应的 R 和 C 两端的电压 U_R 和 U_C，数据列于表 13-2 中。

表 13-2

f（kHz）	0.1	1	3	5	7	9	10	11	12	14	16	18	20
U_R（V）													
U_C（V）													

（二）RLC 并联电路

1. 利用 HE‐15 串联谐振电路中的 0.1μF 电容、30mH 电感、200Ω 及 1kΩ 电阻，组成如图 13‐4 所示电路。

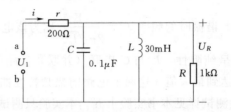

图 13‐4　RLC 并联电路

2. 将函数信号发生器输出的正弦波经功率输出接入 a、b 点。

3. 依次将函数信号发生器输出信号的频率调至表 13‐3 所列 f 值，并调节输出信号的幅值，使 r 两端的电压 $U_r = 1.00V$。

4. 在每一个频率值下，用交流毫伏表测量 R 两端的电压 U_R，数据列于表 13‐3 中。

表 13‐3

$f(kHz)$	0.5	1.0	2.0	2.8	2.9	3.0	3.5	4.0	5	6	8	10
$U_R(V)$												

五、实验注意事项

每次调准函数信号发生器输出信号的频率值后，都应调节输出信号的幅值，使高通、低通滤波电路的 $U_1 = 10V_{P\text{-}P}$ 或 RLC 并联电路的 $U_r = 1.00V$。

六、实验报告

1. 根据实验数据，在坐标纸上绘制高通、低通滤波电路和 RLC 并联电路的幅频特性曲线，求出上、下限频率或通带宽度。

2. 总结高通、低通滤波电路和 RLC 并联电路的频率特性。

实验十四　用三表法测量电路等效参数

一、实验目的

1. 学会用交流电压表、交流电流表和功率表测量元件的交流等效参数的方法。
2. 学会阻抗性质的判别方法。
3. 学会功率表的接法和使用。

二、实验原理

正弦交流信号激励下的元件值或阻抗值，可以用交流电压表、交流电流表及功率表分别测量出元件两端的电压 U、流过该元件的电流 I 和它所消耗的功率 P，然后通过计算得到所求的各值，这种方法称为三表法，是测量 $50\,\mathrm{Hz}$ 交流电路参数的基本方法。

计算的基本公式为

阻抗的模

$$|Z| = \frac{U}{I}$$

电路的功率因数

$$\cos\varphi = \frac{P}{UI}$$

等效电阻

$$R = \frac{P}{I^2} = |Z|\cos\varphi$$

等效电抗

$$X = |Z|\sin\varphi$$

电感的感抗

$$X_L = 2\pi f L$$

电容的容抗

$$X_c = \frac{1}{2\pi f C}$$

阻抗性质的判别可通过在被测元件两端并联或串联电容来实现。判别方法为在被测元件两端并联一个适当容量的试验电容，若串接在电路中的电流表的读数增大，则被测阻抗为容性，电流减小则为感性。图 14-1（a）中，Z 为待测定的元件，C' 为试验电容器。图 14-1（b）是图 14-1（a）的等效电路，图中 G、B 为待测阻抗 Z 的电导和电纳，B' 为并联电容 C' 的电纳。在端电压有效值不变的情况下，按下面两种情况进行分析：

（1）设 $B+B'=B''$，若 B' 增大，B'' 也增大。则电路中电流 I 将单调上升，故可判断 B 为容性元件。

（2）设 $B+B'=B''$，若 B' 增大，而 B'' 先减小再增大，电流 I 也是先下降后上升，如图 14-2 所示，则可判断 B 为感性元件。

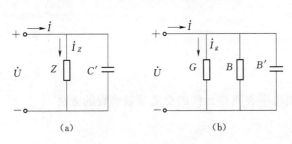

图 14-1　阻抗性质判别电路　　　　图 14-2　测试结果曲线

由以上分析可知，当 B 为容性元件时，对并联电容 C' 值无特殊要求；当 B 为感性元件时，$B'<|2B|$ 才有判定为感性的意义。$B'>|2B|$ 时，电流单调上升，与 B 为容性时相同，并不能说明电路是感性的。因此 $B'<|2B|$ 是判断电路性质的可靠条件，由此得判定条件为 $C'<\left|\dfrac{2B}{\omega}\right|$。

将被测元件串联一个适当容量的试验电容，若被测阻抗的端电压下降，则判为容性，端电压上升则为感性，判定条件为

$$\frac{1}{\omega C'}<|2X|$$

式中：X 为被测阻抗的电抗值；C' 为串联试验电容值。

此关系式可自行证明。

判断待测元件的性质，除上述借助于试验电容 C' 测定法外，还可以利用该元件电流、电压间的相位关系，若 $\dot{I}$ 超前于 $\dot{U}$，为容性；$\dot{I}$ 滞后于 $\dot{U}$，则为感性。

本实验所用的功率表为实验台上的智能交流功率表，其电压接线端应与负载并联，电流接线端应与负载串联。

三、实验设备

本实验所用实验设备见表 14-1。

表 14-1　　　　　　　　　　　　实　验　设　备

序　号	名　　称	型号与规格	数　量	备　注
1	交流电压表	0～500V	1	
2	交流电流表	0～5A	1	
3	功率表		1	
4	自耦调压器		1	
5	电感线圈（镇流器）	HE-16	1	30W 日光灯配用
6	电容器	HE-16	各1	1μF/500V、4.7μF/500V
7	白炽灯	HE-17	3	25W/220V

四、实验内容

实验步骤如下：

1. 测试线路按图 14-3 接线，经指导教师检查后，方可接通 220V 交流电源。

2. 分别测量 25W 白炽灯（R）、30W 日光灯镇流器（L）和 4.7μF 电容器（C）的等效参数。

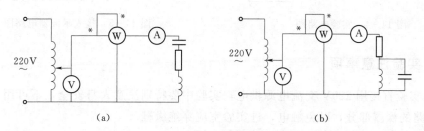

图 14-3　测试线路

3. 测量 L、C 串联与并联后的等效参数，数据列于表 14-2 中。

表 14-2

被测阻抗	测　量　值					计　算　值	
	U（V）	I（A）	P（W）	$\cos\varphi$	Z（Ω）	Z（Ω）	$\cos\varphi$
25W 白炽灯 R							
电感线圈 L							
电容器 C							
L 与 C 串联							
L 与 C 并联							

4. 三表法测定无源单口网络的交流参数。

（1）实验电路如图 14-4 所示，实验电源取自主控屏 50Hz 三相交流电源中的一相，调节自耦调压器，使单相交流最大输出电压为 150V。用本实验单元黑匣子上的 6 个开关，可变换出 8 种不同的电路：

1）K_1 合（开关投向上方），其他断。

2）K_2、K_4 合，其他断。

3）K_3、K_5 合，其他断。

4）K_2 合，其他断。

5）K_3、K_6 合，其他断。

6）K_2、K_3、K_6 合，其他断。

7）K_2、K_3、K_4、K_5 合，其他断。

8）所有开关合。

测出以上 8 种电路的 U、I、P 及 $\cos\varphi$ 的值，并自行列表记录。

（2）按图 14-5 接线，将自耦调压器的输出电压调为 $\leqslant$30V。按照 4.（1）中黑匣子的

8 种开关组合，观察和记录 $\dot{U}$、$\dot{I}$（即 r 上的电压）的相位关系。

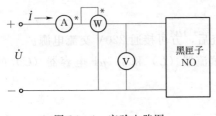

图 14-4　实验电路图

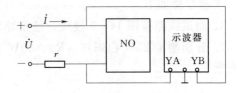

图 14-5　接入示波器电路图

五、实验注意事项

1. 本实验直接用 220V 交流电源供电，实验中要特别注意人身安全，不可用手直接触摸通电线路的裸露部分，以免触电，进实验室应穿绝缘鞋。

2. 自耦调压器在接通电源前，应将其手柄置在零位上，调节时，使其输出电压从零开始逐渐升高。每次改接实验线路、换拨黑匣子上的开关及实验完毕，都必须先将其旋柄慢慢调回零位，再断电源。必须严格遵守这一安全操作规程。

3. 实验前应详细阅读智能交流功率表的使用说明书，熟悉其使用方法。

六、思考题

1. 在 50Hz 的交流电路中，测得一只铁芯线圈的 P、I 和 U，如何算得它的阻值及电感？

2. 如何用串联电容的方法来判别阻抗的性质？试用 I 随 X'_C（串联容抗）的变化关系作定性分析，证明串联试验时，C' 满足 $\dfrac{1}{\omega C'} < |2X|$。

七、实验报告

1. 根据实验数据，完成各项计算。

2. 完成思考题 1、2 的任务。

3. 根据实验内容 4 的观察测量结果，分别作出等效电路图，计算出等效电路参数并判定负载的性质。

实验十五 *RLC* 串联谐振电路的研究

一、实验目的

1. 学习用实验方法绘制 *RLC* 串联电路的幅频特性曲线。

2. 加深理解电路发生谐振的条件、特点，掌握电路品质因数（电路 *Q* 值）的物理意义及测定方法。

二、实验原理

在图 15 - 1 所示的 *RLC* 串联电路中，当正弦交流信号源 U_i 的频率 f 改变时，电路中的感抗、容抗随之而变，电路中的电流也随 f 而变。取电阻 R 上的电压 U_o 作为响应，当输入电压 U_i 的幅值维持不变时，在不同频率的信号激励下，测出 U_o 值，然后以 f 为横坐标，以 U_o/U_i 为纵坐标（因 U_i 不变，故也可直接以 U_o 为纵坐标），绘出光滑的曲线，即幅频特性曲线，亦称谐振曲线，如图 15 - 2 所示。

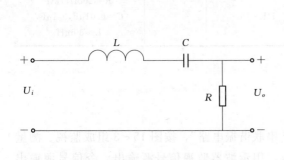

图 15 - 1 *RLC* 串联电路

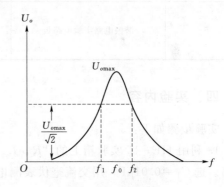

图 15 - 2 谐振曲线

在 $f=f_o=\dfrac{1}{2\pi\sqrt{LC}}$ 处，即幅频特性曲线尖峰所在的频率点称为谐振频率。此时 $X_L=X_c$，电路呈纯阻性，电路阻抗的模最小。输入电压 U_i 为定值时，电路中的电流达到最大值，且与输入电压 U_i 同相位。从理论上讲，此时 $U_i=U_R=U_o$，$U_L=U_C=QU_i$，式中的 Q 称为电路的品质因数。

电路品质因数 Q 值有两种测量方法：

（1）根据公式 $Q=\dfrac{U_L}{U_o}=\dfrac{U_C}{U_o}$ 测定，U_C 与 U_L 分别为谐振时电容器 C 和电感线圈 L 上的电压。

（2）测量谐振曲线的通频带宽度

$$\Delta f = f_2 - f_1$$

则品质因数为

$$Q = \frac{f_0}{f_2 - f_1}$$

式中：f_0 为谐振频率；f_2 和 f_1 是失谐时，即输出电压的幅度下降到最大值的 $1/\sqrt{2}$（= 0.707）倍时的上、下频率点。

Q 值越大，曲线越尖锐，通频带越窄，电路的选择性越好。在恒压源供电时，电路的品质因数、选择性与通频带只取决于电路本身的参数，与信号源无关。

三、实验设备

本实验所用实验设备见表 15 - 1。

表 15 - 1 　　　　　　　　　　**实 验 设 备**

序 号	名 称	型号与规格	数 量	备 注
1	函数信号发生器		1	屏上
2	交流毫伏表	0～600V	1	屏上
3	双踪示波器		1	自备
4	频率计		1	
5	谐振电路实验电路板	HE - 15		$R = 200\Omega, 1k\Omega$ $C = 0.01\mu F, 0.1\mu F,$ $L \approx 30mH$

四、实验内容

实验步骤如下：

1. 利用 HE - 15 实验箱上的 "R、L、C 串联谐振电路"，按图 15 - 3 组成监视、测量电路。选 $C_1 = 0.01\mu F$，用交流毫伏表测电压，用示波器监视信号源输出。令信号源输出电压 $U_i = 3V$，并保持不变。

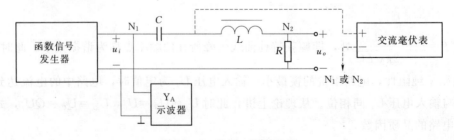

图 15 - 3 　监视、测量电路

2. 找出电路的谐振频率 f_0，方法是，将毫伏表接在 R（200Ω）两端，令信号源的频率由小逐渐变大（注意要维持信号源的输出幅度不变），当 U_o 的读数为最大时，读得频率计上的频率值即为电路的谐振频率 f_o，并测量 U_C 与 U_L 的值（注意及时更换毫伏表的量程）。

3. 在谐振点两侧，按频率递增或递减 500Hz 或 1kHz，依次取 8 个测量点，逐点测出 U_o、U_L、U_C 的值，数据列于表 15 - 2 中。

表 15 - 2

f(kHz)										
U_o(V)										
U_L(V)										
U_C(V)										

$U_i = 3V$，　　　$C_1 = 0.01\mu F$，　　$R = 200\Omega$，　　$f_0 =$ 　　　　，$f_2 - f_1$ 　　　　，$Q =$

4. 选 $C_1 = 0.01\mu F$，$R = 1k\Omega$，重复步骤 2、3 的测量过程，数据列于表 15 - 3 中。

表 15 - 3

f(kHz)										
U_o(V)										
U_L(V)										
U_C(V)										

$U_i = 3v$，　　　$C_1 = 0.01\mu F$，　　　$R = 1k\Omega$，　　$f_0 =$ 　　　，$f_2 - f_1 =$ 　　　，$Q =$

5. 选 $C_1 = 0.1\mu F$，$R = 200\Omega$ 及 $C_1 = 0.1\mu F$，$R = 1k\Omega$，重复步骤 2、3（自制表格）。

五、实验注意事项

1. 测试频率点的选择应在靠近谐振频率附近多取几点。在变换频率测试前，应调整信号输出幅度（用示波器监视输出幅度），使其维持在 3V。

2. 测量 U_C 和 U_L 数值前，应将毫伏表的量程改大，而且在测量 U_L 与 U_C 时毫伏表的"＋"端接 C 与 L 的公共点，其接地端分别接在 L 和 C 的近地端 N_2 和 N_1。

3. 实验中，信号源的外壳应与毫伏表的外壳绝缘（不共地）。如果能用浮地式交流毫伏表测量，则效果更佳。

六、思考题

1. 根据实验线路板给出的元件参数值，估算电路的谐振频率。

2. 改变电路的哪些参数可以使电路发生谐振，电路中 R 的数值是否影响谐振频率值？

3. 如何判别电路是否发生谐振？测试谐振点的方案有哪些？

4. 电路发生串联谐振时，为什么输入电压不能太大，如果信号源维持 3V 的电压，电路谐振时，用交流毫伏表测 U_L 和 U_C，应该选用多大的量程？

5. 要提高 *RLC* 串联电路的品质因数，电路参数应如何改变？

6. 本实验电路在谐振时，对应的 U_L 与 U_C 是否相等？如果有差异，原因是什么？

七、实验报告

1. 根据测量数据，绘出不同 Q 值时三条幅频特性曲线，即：$U_o = f(f)$，$U_L = f(f)$，$U_C = f(f)$

2. 计算出通频带与 Q 值，说明不同 R 值时对电路通频带与品质因数的影响。

3. 对两种不同的测 Q 值的方法进行比较，分析误差原因。

4. 谐振时，输出电压 U_o 与输入电压 U_i 是否相等？试分析原因。

5. 通过本次实验，总结、归纳串联谐振电路的特性。

6. 心得体会及其他。

实验十六　周期性电压信号的峰值、平均值和有效值的测量

一、实验目的

1. 加深对周期性电压信号的峰值、平均值和有效值概念的理解，学会相应的计算和测量。

2. 了解几种常见的周期性电压信号（正弦波、矩形波、脉冲波、三角波）的峰值、平均值和有效值之间的关系。

3. 学会函数信号发生器和示波器的使用方法。

二、实验原理

一个周期性交流电压 $u(t)$ 的大小，可以用它的峰值 U_P（有时也用峰－峰值 $U_{P-P}=2U_P$，如图 16-1 所示）、平均值 $\overline{U}$ 和有效值 U 来表示。

交流电压表在测量交流电压时，一般都采用 AC/DC 变换器（通常用检波器来实现）把被测交流电压转变成直流电流 I。如果用模拟（指针式）电压表来指示，就用 I 来驱动直流电流表偏转，并根据被测交流电压的大小与转换成 I 的关系在表盘上刻以电压值；如果用数显电压表来显示，就将 I 再转换成直流电压，再用专用的 A/D 转换集成电路芯片显示相应的数字量。被测交流电压经 AC/DC 转换后所得到的电流 I 与 AC/DC 变换器对被测交流电压的响应特性密切相关。通常有峰值响应、平均值响应和有效值响应三种检波器，相对应的就有峰值电压表、平均值电压表和有效值电压表。

（1）峰值电压表。峰值电压表大多采用二极管峰值检波器，即检波器（AC/DC 变换器，下同）是峰值响应的。峰值电压表的指示或显示值与被测电压（任意波形）的峰值成正比。实际上除了某些特殊需要外，峰值电压表也是按正弦有效值

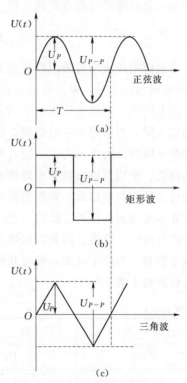

图 16-1　几种周期性交流由压
(a) 正弦波；(b) 矩形波；(c) 三角波

53

来指示或显示的。

（2）平均值电压表。在平均值电压表中，检波器对被测电压的平均值产生响应，一般用全波整流电路作检波器。为了改善检波器的线性特性，常将检波器放在运算放大器电路中，组成精密线性检波器。平均值电压表的指示或显示值与被测电压的平均值成正比。

周期为 T 的交流电压 $u(t)$，其平均值 $\overline{U}$ 的数学定义为

$$\overline{U} = \frac{1}{T}\int_0^T u(t)\,\mathrm{d}t$$

对纯粹的交流电压（如正弦波）而言，按此式求得

$$\overline{U} = 0$$

因此从测量的观点讲，平均值一般是指经过全波检波后的平均值，即

$$\overline{U} = \frac{1}{T}\int_0^T |u(t)|\,\mathrm{d}t$$

平均值电压表虽然是平均值响应，但习惯上仍以正弦波电压的有效值进行指示或显示。

（3）有效值电压表。交流电压的有效值是指让一个或多个完整周期的交流电压通过某纯阻负载所产生的热量与一个直流电压在相同时间内通过同一负载所产生的热量相等，则该直流电压的值就是交流电压的有效值。交流电压的有效值表征了其做功能力的大小。在数学上，有效值就是均方根值，即

$$U = \sqrt{\frac{1}{T}\int_0^T u^2(t)\,\mathrm{d}t}$$

有效值电压表通常采用两种电路，即热电变换（利用热电偶）电路和模拟计算电路（专用集成电路芯片）来实现电压有效值的测量。

综上所述，峰值电压表、平均值电压表和有效值电压表，只是其中的 AC/DC 转换器的响应不同，再采用相应的电路，使表头的指示或显示值为正弦波有效值。换言之，如果被测的周期性交流电压为正弦波，那么经过这 3 种检波电路后，测得的值是相同的，其真正的峰值、平均值可根据其有效值来换算。如果被测的周期性交流电压是非正弦波，那么经过这 3 种检波电路后，测得的值是各不相同的。其中，经过峰值和平均值两种电路测得的值并不是被测电压的有效值（也不是峰值或平均值）。只有经过有效值电路测得的值才是被测电压的有效值。因此，用峰值电压表或平均值电压表测量非正弦波交流电压会有较大测量误差。为便于对照，现将几种常见波形（波形图如图 16-1 所示）的峰值、平均值和有效值列于表 16-1。

表 16-1

波　形	峰　值	平　均　值	有　效　值
正弦波	U_P	$0.637U_P$	$0.707U_P$
三角波	U_P	$U_P/2$	$0.577U_P$
矩形波	U_P	U_P	U_P

三、实验设备

本实验所用实验设备见表 16-2。

表 16-2　　　　　　　　　实 验 设 备

序　号	名　　称	型 号 与 规 格	数　量	备　注
1	函数信号发生器		1	
2	二值电压表	HE-18A	1	
3	示波器		1	自备

四、实验内容

实验步骤如下：

1. 开启实验装置总电源、函数信号发生器的电源和屏上直流数显稳压电源的电源开关，将其中的 ±12V、+5V 固定电源引入 HE-18A 实验箱，预热 10min。

2. 令函数信号发生器输出 1kHz、$U_P = 1.8V$（用示波器观测）的正弦波，依次接入 HE-18A 的峰值、平均值和有效值 3 个模块的输入端。用 HE-18A 中的直流电压表测量并记录各模块的相应输出值，结果列入表 16-3。

3. 令函数信号发生器输出 1kHz、$U_P = 1.8V$ 占空比为 50% 的矩形波，重复步骤 2 的测量。

4. 令函数信号发生器输出 1kHz、$U_P = 1.8V$ 的三角波，重复步骤 2 的测量。

表 16-3

波　形	峰　值	平 均 值	有 效 值
正弦波			
矩形波			
三角波			

五、实验注意事项

每一种波形在 3 次测量中，其幅值、频率不得改变。

六、实验报告

1. 根据测得的数据，验证同一波形峰值、平均值和有效值之间的关系。
2. 计算各测量数据与理论值之间的误差，并分析原因。
3. 心得体会及其他。

实验十七 互 感 电 路 测 量

一、实验目的

1. 学会互感电路同名端、互感系数以及耦合系数的测定方法。
2. 了解两个线圈相对位置的改变以及用不同材料作线圈芯时对互感的影响。

二、实验原理

判断互感线圈同名端的方法如下：

（1）直流法，如图 17-1 所示。当开关 S 闭合瞬间，若毫安表的指针正偏，则可断定 1、3 为同名端；指针反偏，则 1、4 为同名端。

（2）交流法，如图 17-2 所示。将两个绕组 N_1 和 N_2 的任意两端（如 2、4 端）连在一起，在其中的一个绕组（如 N_1）两端加一个低电压，另一绕组（如 N_2）开路，用交流电压表分别测出端电压 U_{13}、U_{12} 和 U_{34}。若 U_{13} 是两个绕组端压之差，则 1、3 是同名端；若 U_{13} 是两绕组端电压之和，则 1、4 是同名端。

两线圈互感系数 M 的测定。

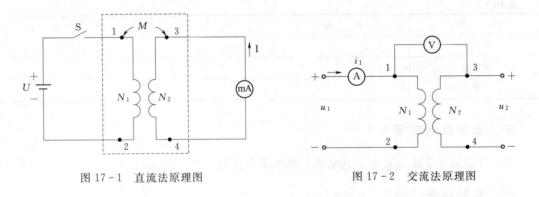

图 17-1 直流法原理图   图 17-2 交流法原理图

在图 17-2 的 N_1 侧施加低压交流电压 U_1，测出 I_1 及 U_2。根据互感电势

$$E_{2M} \approx U_{20} = \omega M I_1$$

可求得互感系数为

$$M = \frac{U_2}{\omega I_1}$$

耦合系数 k 的测定。两个互感线圈耦合松紧的程度可用耦合系数 k 来表示

$$k = M / \sqrt{L_1 L_2}$$

如图 17-2 所示，先在 N_1 侧加低压交流电压 U_1，测出 N_2 侧开路时的电流 I_1；然后

再在 N_2 侧加电压 U_2，测出 N_1 侧开路时的电流 I_2，求出各自的自感 L_1 和 L_2，即可算得 k 值。

三、实验设备

本实验所用实验设备见表 17-1。

表 17-1　　　　　　　　　　　　　　实　验　设　备

序　号	名　　称	型号与规格	数　量	备　注
1	直流电压表	0～300V	1	屏上
2	直流电流表	0～2A	2	屏上
3	交流电压表	0～500V	1	屏上
4	交流电流表	0～5A	1	屏上
5	空心互感线圈	N_1 为大线圈 N_2 为小线圈	1 对	
6	自耦调压器		1	屏内
7	直流稳压电源	0～30V	1	屏上
8	电阻器	HE-19	各 1	30Ω/8W、510Ω/8W
9	粗、细铁棒、铝棒		各 1	
10	变压器	HE-21/屏内	1	36V/220V

四、实验内容

本实验需利用 HE-21 实验箱上或者屏上的"铁芯变压器"线路的部件。

分别用直流法和交流法测定互感线圈的同名端。

(1) 直流法。实验电路如图 17-3 所示。先将 N_1 和 N_2 两线圈的 4 个接线端子编以 1、2 和 3、4 两组序号。将 N_1，N_2 同心式套在一起，并放入细铁棒。U 为可调直流稳压电源，调至 10V。N_2 侧直接接入 2mA 量程的毫安表。将铁棒迅速地拨出和插入，观察毫安表读数正、负的变化来判定 N_1 和 N_2 两个线圈的同名端。

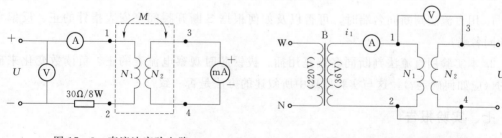

图 17-3　直流法实验电路　　　　　　　图 17-4　交流法实验电路

(2) 交流法。本方法中，由于加在 N_1 上的电压仅 2V 左右，直接用屏内调压器很难调节，因此采用图 17-4 所示的电路来扩展调压器的调节范围。图中 W、N 为主屏上的自耦调压器的输出端，B 为 HE-21 实验箱上或者屏内的升压铁芯变压器，此处作降压用。将

N_2 放入 N_1 中，并插入铁棒。接入 2.5A 以上量程的电流表，N_2 侧开路。

具体实验步骤如下：

1. 接通电源前，应首先检查自耦调压器是否调至零位，确认后方可接通交流电源。令自耦调压器输出 12V 左右的电压。使流过电流表的电流小于 1.4A，将 2、4 短接然后用交流电压表测量 U_{13}、U_{12}、U_{34}，判定同名端。拆去 2、4 连线，并将 2、3 相接，重复上述步骤，判定同名端。

2. 拆除 2、3 连线，测 U_1、I_1、U_2，计算出 M。

3. 将变压器 B 输出的低压交流改接在 N_2 侧，N_1 侧开路，按步骤 2 测出 U_2、I_2、U_1。

4. 用万用表的 R×1 档分别测出 N_1 和 N_2 线圈的电阻值 R_1 和 R_2，计算 k 值。

5. 观察互感现象。在图 17-4 中，令自耦调压器输出 12V 左右的电压。将交流电压表接于 N_2 端。

(1) 将铁棒慢慢地从两线圈中抽出和插入，观察交流电压表读数的变化并记录。

(2) 将两线圈改为并排放置，并改变其间距，分别或同时插入铁棒，观察交流电压表读数并记录。

改用铝棒替代铁棒，重复步骤（1）、（2），观察交流电压表的变化，记录现象。

五、实验注意事项

1. 整个实验过程中，注意流过线圈 N_1 的电流不得超过 1.4A，流过线圈 N_2 的电流不得超过 1A。

2. 测定同名端及其他测量数据的实验中，都应将小线圈 N_2 套在大线圈 N_1 中，并插入铁芯。

3. 作交流实验前，首先要检查自耦调压器，要保证手柄置于零位。因为实验时加在 N_1 上的电压只有 2～3V 左右，因此调节时要特别仔细、小心，要随时观察电流表的读数，不得超过规定值。

六、思考题

1. 用直流法判断同名端时，可否以及如何根据 S 断开瞬间毫安表指针的正、反偏来判断同名端？

2. 本实验用直流法判断同名端是用插、拔铁芯时观察电流表的正、负读数变化来确定的（应如何确定？），这与实验原理中所叙述的方法是否一致？

七、实验报告

1. 总结对互感线圈同名端、互感系数的实验测试方法。

2. 自拟测试数据表格，完成计算任务。

3. 解释实验中观察到的互感现象。

4. 心得体会及其他。

实验十八　单相铁芯变压器特性的测试

一、实验目的

1. 通过测量，计算变压器的各项参数。
2. 学会测量并绘制变压器的空载特性与外特性。

二、实验原理

图 18-1 为测试变压器参数的电路图。由各仪表读得变压器原边（AX，低压侧）的 U_1、I_1、P_1 及副边（ax，高压侧）的 U_2、I_2，并用万用表 R×1 档测出原、副绕组的电阻 R_1 和 R_2，即可算得变压器的以下各项参数值

电压比 $K_u = U_1/U_2$

电流比 $K_I = I_2/I_1$

原边阻抗 $Z_1 = U_1/I_1$

副边阻抗 $Z_2 = U_2/I_2$

阻抗比 $K_Z = Z_1/Z_2$

负载功率 $P_2 = U_2 I_2 \cos\varphi_2$

损耗功率 $P_o = P_1 - P_2$

功率因数 $= P_1/(U_1 I_1)$

原边线圈铜耗 $P_{Cu1} = I_{21} R_1$

副边铜耗 $P_{Cu2} = I_{22} R_2$

铁耗 $P_{Fe} = P_o - (P_{Cu1} + P_{Cu2})$

铁芯变压器是一个非线性元件，铁芯中的磁感应强度 B 取决于外加电压的有效值 U。当副边开路（即空载）时，原边的励磁电流 I_{10} 与磁场强度 H 成正比。在变压器中，副边

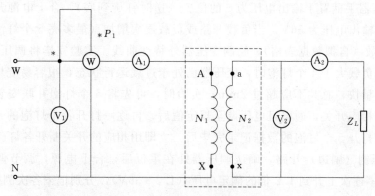

图 18-1　测试变压器参数电路图

空载时，原边电压与电流的关系称为变压器的空载特性，这与铁芯的磁化曲线（$B-H$ 曲线）是一致的。空载实验通常是将高压侧开路，由低压侧通电进行测量，又因空载时功率因数很低，故测量功率时应采用低功率因数瓦特表。此外因变压器空载时阻抗很大，故电压表应接在电流表外侧。

变压器外特性测试。为了满足 3 组灯泡负载额定电压为 220V 的要求，因此以变压器的低压（36V）绕组作为原边，220V 的高压绕组作为副边，即作为一台升压变压器使用。在保持原边电压 U_1（36V）不变的情况下，逐次增加灯泡负载（每个灯泡为 15W），测定 U_1、U_2、I_1 和 I_2，即可绘出变压器的外特性，即负载特性曲线 $U_2=f(I_2)$。

三、实验设备

本实验所用实验设备见表 18-1。

表 18-1　　　　　　　　实 验 设 备

序　号	名　　称	型 号 与 规 格	数　量	备　注
1	交流电压表	0～500V	2	
2	交流电流表	0～5A	2	
3	单相功率表		1	
4	试验变压器	220V/36V　50VA	1	HE-21/屏内
5	自耦调压器		1	
6	白炽灯	220V,15W	5	HE-17

四、实验内容

实验步骤如下：

1. 用交流法判别变压器绕组的同名端（参照实验十七）。

2. 利用实验屏或者 HE-21 实验箱上的"铁芯变压器"及 HE-17 中的灯组负载，按图 18-1 电路图接线。其中 W、N 为主屏上三相调压输出的插孔，A、X 为变压器的低压绕组，a、x 为变压器的高压绕组，即电源经屏内调压器接至低压绕组，高压绕组 220V 接 Z_L 即 15W 的灯组负载（3 组灯泡并联），经指导教师检查后方可进行实验。

3. 将调压器手柄置于输出电压为 0 的位置（逆时针旋到底），合上电源开关，并调节调压器，使其输出电压为 36V。当负载开路或负载逐次增加（最多亮 5 个灯泡）时，记下 5 个仪表的读数（自拟数据表格），绘制变压器外特性曲线。实验完毕将调压器调回零位，断开电源。当负载大于 4 个灯泡时，变压器已处于过载运行状态，很容易烧坏。因此，测试和记录应尽量快，总共不应超过 2min。实验时，可先将 5 个灯泡并联安装好，断开控制每个灯泡的相应开关，通电且电压调至规定值后，再逐一打开各个灯泡的开关，并记录仪表读数。待打开 5 个灯泡的数据记录完毕后，立即用相应的开关断开各灯。

4. 将高压侧（副边）开路，确认调压器处在零位后，合上电源，调节调压器输出电压，使 U_1 从零逐次上升到 1.2 倍的额定电压（1.2×36V），分别记下各次测得的 U_1、U_{20} 和 I_{10} 数据，记入自拟的数据表格，用 U_1 和 I_{10} 绘制变压器的空载特性曲线。

五、实验注意事项

1. 本实验是将变压器作为升压变压器使用，并用调节调压器提供原边电压 U_1，故使用调压器时应首先调至零位，然后才可以合上电源。此外，必须用电压表监视调压器的输出电压，防止被测变压器输出过高电压而损坏实验设备，要注意安全，以防高压触电。

2. 由负载实验转到空载实验时，要注意及时变更仪表量程。

3. 遇异常情况，应立即断开电源，待处理好故障后，再继续实验。

六、思考题

1. 为什么本实验将低压绕组作为原边进行通电实验？在实验过程中应注意什么问题？

2. 为什么变压器的励磁参数一定是在空载实验加额定电压的情况下求出的？

七、实验报告

1. 根据实验内容，自拟数据表格，绘出变压器的外特性和空载特性曲线。

2. 根据额定负载时测得的数据，计算变压器的各项参数。

3. 计算变压器的电压调整率 $\Delta U\% = \dfrac{U_{20} - U_{2N}}{U_{20}} \times 100\%$。

4. 心得体会及其他。

实验十九　单相电度表的校验

一、实验目的

1. 掌握电度表的接线方法。
2. 学会电度表的校验方法。

二、实验原理

电度表是一种感应式仪表，其基本原理是根据交变磁场在金属中产生感应电流，从而产生转矩，主要用于测量交流电路中的电能。它的指示器能随着电能的不断增大（也就是随着时间的延续）而连续地转动，因此能随时反映出电能积累的总数值。它的指示器是一个"积算机构"，是将转动部分通过齿轮传动机构折换为被测电能的数值，由数字及刻度直接显示出来。

它的驱动元件是由电压铁芯线圈和电流铁芯线圈在空间上、下排列，中间隔以铝制的圆盘。驱动两个铁芯线圈的交流电，建立起合成的特殊分布的交变磁场，并穿过铝盘，在铝盘上产生感应电流。该电流与磁场的相互作用结果产生转动力矩驱使铝盘转动。铝盘上方装有一个永磁铁，其作用是对转动的铝盘产生制动力矩，使铝盘转速与负载功率成正比。因此，在某一段测量时间内，负载所消耗的电能 W 就与铝盘的转数 n 成正比。即 $N=\dfrac{n}{W}$，比例系数 N 称为电度表常数，常在电度表上标明，其单位是 r/kWh。

电度表的灵敏度是指在额定电压、额定频率及 $\cos\varphi=1$ 的条件下，从 0 开始调节负载电流，测出铝盘开始转动的最小电流值 $I_{\min}$，则仪表的灵敏度表示为

$$S=\frac{I_{\min}}{I_N}\times100\%$$

式中：I_N 为电度表的额定电流；$I_{\min}$ 通常较小，约为 I_N 的 0.5%。

电度表的潜动是指负载电流等于 0 时，电度表仍出现缓慢转动的现象。按照规定，无负载电流时，在电度表的电压线圈上施加其额定电压的 110%（242V）时，观察其铝盘的转动是否超过 1 圈。超过 1 圈则判为潜动不合格。

三、实验设备

本实验所用实验设备见表 19-1。

表 19-1　　　　　　　　　　　　　　**实 验 设 备**

序　号	名　称	数　量	备　注
1	电度表	1	
2	单相功率表	1	
3	交流电压表	1	
4	交流电流表	1	
5	自耦调压器	1	
6	220V,100W 白炽灯	3	自备
7	220V,25W 灯泡	9	HE-17
8	秒表	1	自备
9	电阻		HE-19

四、实验内容

1. 用功率表、秒表法校验电度表。

记录被校验电度表的数据：

额定电流 $I_N=$ 　　　　　，电度表常数 $N=$ 　　　　　，

额定电压 $U_N=$ 　　　　　，准确度

校验电度表的准确度按图 19-1 接线。电度表的接线与功率表相同，其电流线圈与负载串联，电压线圈与负载并联。电路经指导教师检查无误后，接通电源。将调压器的输出电压调到 220V，按表 19-2 的要求接通灯组负载，用秒表定时记录电度表转盘的转数及记录各仪表的读数。为了准确地计时及计圈数，可将电度表转盘上的一小段着色，标记刚出现（或刚结束）时作为秒表计时的开始，并同时读出电度表的起始读数。此外，为了能记录整数转数，可先预定好转数，待电度表转盘刚转完此转数时，作为秒表测定时间的终点，并同时读出电度表的终止读数。所有数据列于表 19-2 中。

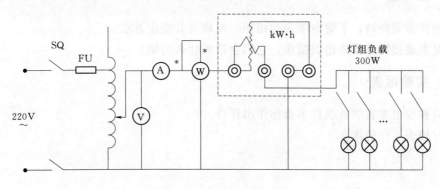

图 19-1　实验电路图

建议 n 取 24 圈，则 300W 负载时，需时 2min 左右。

表 19 - 2

| 负载情况 | U(V) | I(A) | 电表读数(kW·h) | | | 时间(s) | 转数n | 计算电能W'(kW·h) | $\Delta W/W$(%) | 电度表常数 N |
			起	止	W					
300W 测量值										
300W 计算值										

2. 电度表灵敏度的测试。电度表灵敏度的测试要用到专用的变阻器，实验室一般设有。此处可利用 HE - 19 实验箱上 200Ω～10kΩ 的八个 8W 电阻串联组合作负载代替图 19-1 中的灯组负载。应注意：串联组合的最低阻值不得低于 6.2kΩ，否则会烧坏电阻。接通 220V 电源后看电度表转盘是否开始转动，然后逐渐减少电阻，直到转盘开始转动，这时电流表的读数可大致作为其灵敏度。请同学们自行估算误差。做实验前应使电度表转盘的着色标记处于可见的位置。由于负载很小，转盘的转动很缓慢，必须耐心观察。

3. 检查电度表的潜动是否合格。断开电度表的电流线圈回路，调节调压器的输出电压为额定电压的 110%（242V），仔细观察电度表的转盘是否转动。一般允许有缓慢地转动。若转动不超过 1 圈即停止，则该电度表的潜动合格，反之则不合格。实验前应使电度表转盘的着色标记处于可见的位置。由于潜动非常缓慢，要观察正常的电度表潜动是否超过 1 圈需要 1h 以上。

五、实验注意事项

1. 本实验台配有一个电度表，实验时，只要将电度表挂在屏上的相应位置，并用螺母紧固即可。接线时要卸下护板。实验完毕，拆除线路后，要装回护板。

2. 记录时，同组同学要密切配合。秒表定时、读取转数和电度表读数步调要一致，以确保测量的准确性。

3. 实验中用到 220V 交流电压，操作时应注意安全。凡需改动接线或负载电阻，必须切断电源，接好线检查无误后才能加电压。

六、思考题

1. 查找有关资料，了解电度表的结构、原理及其检定方法。

2. 电度表接线有哪些错误接法，它们会造成什么后果？

七、实验报告

1. 对被校电度表的各项技术指标作出评价。

2. 对校表工作的体会。

实验二十　功率因数及相序的测量

一、实验目的

掌握三相交流电路相序的测量方法。熟悉功率因数表的使用方法，了解负载性质对功率因数的影响。

二、实验原理

图 20-1 为相序指示器原理图，用以测定三相电源的相序 A、B、C（或 U、V、W）。它是由一个电容器和两个电灯连接成的星形不对称三相负载电路。如果电容器所接的是 A 相，则灯光较亮的是 B 相，较暗的是 C 相。相序是相对的，任何一相均可作为 A 相。但 A 相确定后，B 相和 C 相也就确定了。为了分析问题简单起见，设

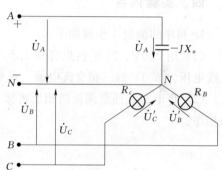

图 20-1　相序指示器原理图

$$X_C = R_B = R_C = R$$

$$\dot{U}_A = U_P \angle 0°$$

则

$$\dot{U}_{N'N} = \frac{U_P\left(\dfrac{1}{-jR}\right) + U_P\left(-\dfrac{1}{2} - j\dfrac{\sqrt{3}}{2}\right)\left(\dfrac{1}{R}\right) + U_P\left(-\dfrac{1}{2} + j\dfrac{\sqrt{3}}{2}\right)\left(\dfrac{1}{R}\right)}{-\dfrac{1}{jR} + \dfrac{1}{R} + \dfrac{1}{R}}$$

$$\dot{U}'_B = \dot{U}_B - \dot{U}_{N'N} = U_P\left(-\frac{1}{2} - j\frac{\sqrt{3}}{2}\right) - U_P(-0.2 + j0.6)$$

$$= U_P(-0.3 - j1.466) = 1.49\angle -101.6° U_P$$

$$\dot{U}'_C = \dot{U}_C - \dot{U}_{N'N} = U_P\left(-\frac{1}{2} + j\frac{\sqrt{3}}{2}\right) - U_P(-0.2 + j0.6)$$

$$= U_P(-0.3 + j0.266) = 0.4\angle -138.4° U_P$$

由于 $|\dot{U}'_B| > |\dot{U}'_C|$，因此 B 相灯光较亮。

三、实验设备

本实验所用实验设备见表 20-1。

表 20-1   实 验 设 备

序 号	名 称	型 号 与 规 格	数 量	备 注
1	单相功率表			
2	交流电压表	0～500V		
3	交流电流表	0～5A		
4	白炽灯组负载	25W/220V	3	HE-17
5	电感线圈	30W 镇流器	1	HE-16
6	电容器	$1\mu F, 4.7\mu F$		HE-16

四、实验内容

1. 相序的测定。步骤如下：

（1）用 220V、25W 白炽灯和 $1\mu F/500V$ 电容器，按图 20-1 接线，经三相调压器接入线电压为 220V 的三相交流电源，观察两只灯泡的亮暗，判断三相交流电源的相序。

（2）将电源线任意调换两相后再接入电路，观察两灯的明亮状态，判断三相交流电源的相序。

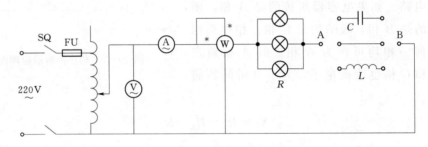

图 20-2 功率因数测量电路

2. 电路功率（P）和功率因数（$\cos\varphi$）的测定。按图 20-2 接线，在 A、B 间接入不同器件，记录 $\cos\varphi$ 表及其他各表的读数，并分析负载性质。结果列入表 20-2。

表 20-2

A、B间	U(V)	U_R(V)	U_L(V)	U_C(V)	I(A)	P(W)	$\cos\varphi$	负载性质
短接								
接入 C								
接入 L								
接入 L 和 C								

注 C 为 $4.7\mu F/500V$ 电容器，L 为 30W 日光灯镇流器。

五、实验注意事项

每次改接线路都必须先断开电源。

六、思考题

根据电路理论，分析图 20-1 检测相序的原理。

七、实验报告

1. 简述实验线路的相序检测原理。

2. 根据 U、I、P 三表测定的数据，计算出 $\cos\varphi$，并与 $\cos\varphi$ 表的读数比较，分析误差原因。

3. 分析负载性质与 $\cos\varphi$ 的关系。

4. 心得体会及其他。

实验二十一　三相交流电路电压、电流及功率的测量

一、实验目的

1. 掌握三相负载作星形连接、三角形连接的方法，验证这两种接法下线、相电压及线、相电流之间的关系。

2. 充分理解三相四线供电系统中中线的作用。

3. 掌握用一瓦特表法、二瓦特表法测量三相电路有功功率与无功功率的方法。

4. 进一步熟练掌握功率表的接线和使用方法。

二、实验原理

三相负载可接成星形（又称 Y 形）或三角形（又称△形）。当三相对称负载作星形连接时，线电压 U_1 是相电压 U_p 的 $\sqrt{3}$ 倍。线电流 I_1 等于相电流 I_p，即

$$U_1 = \sqrt{3}\,U_p，\ I_1 = I_p$$

在这种情况下，流过中线的电流 $I_0 = 0$，故中线可以省去。由三相三线制电源供电，无中性线的星形连接称为 Y 接法。

当对称三相负载作△形连接时，有

$$I_1 = \sqrt{3}\,I_p，\ U_1 = U_p$$

不对称三相负载作星形连接时，必须采用三相四线制接法，称为 Y_0 接法。而且中线必须牢固连接，以保证三相不对称负载的每相电压维持对称不变。倘若中线断开，会导致三相负载电压的不对称，致使负载小的那一相的相电压过高，使负载遭受损坏；负载大的一相相电压又过低，使负载不能正常工作。尤其是对于三相照明负载，应无条件一律采用 Y_0 接法。

当不对称负载作△形连接时，$I_1 \neq \sqrt{3}\,I_p$，但只要电源的线电压 U_1 对称，加在三相负载上的电压仍是对称的，对各相负载工作没有影响。

对于三相四线制供电的三相星形连接的负载（即 Y_0 接法），可用一个功率表测量各相的有功功率 P_A、P_B、P_C，则三相功率之和（$\sum P = P_A + P_B + P_C$）即为三相负载的总有功功率值，这就是一瓦特表法，如图 21-1 所示。若三相负载是对称的，则只需测量一相的功率，再乘以 3 即得三相总的有功功率。

三相三线制供电系统中，不论三相负载是否对称，也不论负载是 Y 形连接还是△形连接，都可用二瓦特表法测量三相负载的总有功功率。测量电路如图 21-2 所示。若负载为感性或容性，且当相位差 $\varphi > 60°$时，线路中的一个功率表指针将反偏（数字式功率表将出

现负读数），这时应将功率表电流线圈的两个端子调换（不能调换电压线圈端子），其读数应记为负值。三相总功率

$$\sum P = P_1 + P_2 \quad (P_1 、 P_2 \text{ 本身不含任何意义})$$

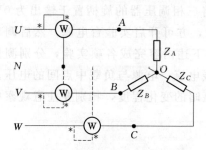

图 21-1 三相四线制连接电路图

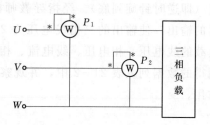

图 21-2 三相三线制连接电路图

对于三相三线制供电的三相对称负载，可用一瓦特表法测得三相负载的总无功功率 Q，测试原理电路如图 21-3 所示。图示功率表读数的 $\sqrt{3}$ 倍，即为对称三相电路总的无功功率。除了此图给出的一种连接法（I_U、U_{VW}）外，还有另外两种连接法，即接成（I_V、U_{UW}）或（I_W、U_{UV}）。

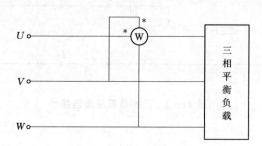

图 21-3 测试原理线路

三、实验设备

本实验所用实验设备见表 21-1。

表 21-1 实 验 设 备

序　号	名　　称	型 号 与 规 格	数　量	备　注
1	交流电压表	0～500V	1	
2	交流电流表	0～5A	1	
3	万用表		1	自备
4	三相自耦调压器		1	
5	三相灯组负载	220V,25W白炽灯	9	HE-17
6	电流插座		3	屏上
7	单相功率表		2	
8	电容	1μF,2.2μF,4.7μF/500V		HE-16

四、实验内容

1. 三相负载星形连接（三相四线制供电）。按图 21-4 电路组接实验电路，即三相灯组负载经三相自耦调压器接通三相对称电源。将三相调压器的旋柄置于输出为 0V 的位置（即逆时针旋到底）。经指导教师检查合格后，方可开启实验台电源，然后调节调压器的输出，使输出的三相线电压为 220V，并按下述内容完成各项实验，分别测量三相负载的线电压、相电压、线电流、相电流、中线电流、电源与负载中点间的电压。将所测得的数据列入表 21-2 中，并观察各相灯组亮暗的变化程度，特别要注意观察中线的作用。

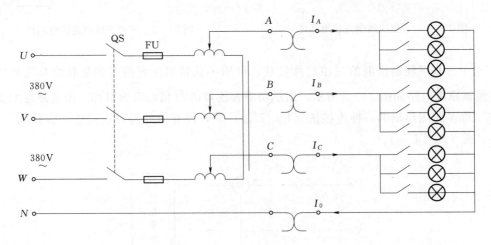

图 21-4　三相负载星形连接

表 21-2

测量数据 实验内容（负载情况）	开灯盏数			线电流（A）			线电压（V）			相电压（V）			中线电流 I_0(A)	中点电压 U_{N0}(V)
	A 相	B 相	C 相	I_A	I_B	I_C	U_{AB}	U_{BC}	U_{CA}	U_{A0}	U_{B0}	U_{C0}		
Y_0 接平衡负载	3	3	3											
Y 接平衡负载	3	3	3											
Y_0 接不平衡负载	1	2	3											
Y 接不平衡负载	1	2	3											
Y_0 接 B 相断开	1		3											
Y 接 B 相断开	1		3											
Y 接 B 相短路	1		3											

2. 三相负载三角形连接（三相三线制供电）。按图 21-5 改接线路，经指导教师检查合格后接通三相电源，并调节调压器，使其输出线电压为 220V，并按表 21-3 的内容进行测试。

表 21-3

测量数据\负载情况	开灯盏数			线电压＝相电压（V）			线电流（A）			相电流（A）		
	$A-B$ 相	$B-C$ 相	$C-A$ 相	U_{AB}	U_{BC}	U_{CA}	I_A	I_B	I_C	I_{AB}	I_{BC}	I_{CA}
三相平衡	3	3	3									
三相不平衡	1	2	3									

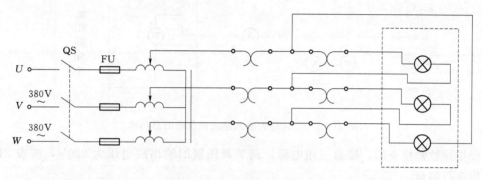

图 21-5 三相页载三角形连接

3. 用一瓦特表法测定三相对称 Y_0 接以及不对称 Y_0 接负载的总功率 $\sum P$。实验按图 21-6 电路接线。线路中的电流表和电压表用以监视该相的电流和电压，不要超过功率表电压和电流的量程。

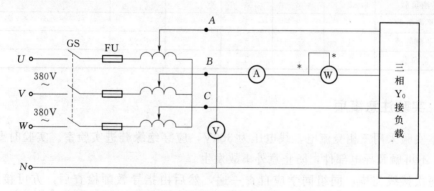

图 21-6 一瓦特表法测定三相四线制负载的总存功功率

经指导教师检查后，接通三相电源，调节调压器输出，使输出线电压为 220V，按表 21-4 的要求进行测量及计算。

表 21-4

负载情况	开灯盏数			测量数据			计算值
	A 相	B 相	C 相	P_A（W）	P_B（W）	P_C（W）	$\sum P$（W）
Y_0 接对称负载	3	3	3				
Y_0 接不对称负载	1	2	3				

首先将 3 个表按图 21-6 接入 B 相进行测量，然后分别将 3 个表换接到 A 相和 C 相，再进行测量。

4. 用二瓦特表法测定三相负载的总功率。

（1）按图 21-7 接线，将三相灯组负载接成 Y 形接法。

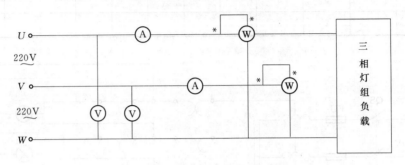

图 21-7　二瓦特表法测定三相负载的总功率

经指导教师检查后，接通三相电源，调节调压器的输出线电压为 220V，按表 21-5 的内容进行测量。

（2）将三相灯组负载改成△形接法，重复（1）的测量步骤，数据列于表 21-5 中。

表 21-5

负 载 情 况	开 灯 盏 数			测 量 数 据		计 算 值
	A 相	B 相	C 相	P_1 (W)	P_2 (W)	$\sum P$ (W)
Y 接平衡负载	3	3	3			
Y 接不平衡负载	1	2	3			
△接不平衡负载	1	2	3			
△接平衡负载	3	3	3			

五、实验注意事项

1. 本实验采用三相交流电，线电压为 380V，应穿绝缘鞋进实验室。实验时要注意人身安全，不可触及导电部件，防止意外事故发生。

2. 每次接线完毕，同组同学应自查一遍，然后由指导教师检查后，方可接通电源，必须严格遵守先断电、再接线、后通电，先断电、后拆线的实验操作原则。

3. 星形负载作短路实验时，必须首先断开中线，以免发生短路事故。

4. 为避免烧坏灯泡，HE-17 实验箱内设有过压保护装置。当任一相电压大于 245～250V 时，即声光报警并跳闸。因此，在做 Y 接不平衡负载或缺相实验时，所加线电压应以最高相电压小于 240V 为宜。

5. 每次实验完毕，均须将三相调压器旋柄调回零位。每次改变接线，均须断开三相电源，以确保人身安全。

六、思考题

1. 三相负载根据什么条件作星形或三角形连接？

2. 复习三相交流电路有关内容，试分析三相星形连接不对称负载在无中线情况下，当某相负载开路或短路时会出现什么情况？如果接上中线，情况又如何？

3. 本次实验中为什么要通过三相调压器将 380V 的市电线电压降为 220V 的线电压使用？

4. 复习二瓦特表法测量三相电路有功功率的原理。

5. 复习一瓦特表法测量三相对称负载无功功率的原理。

6. 测量功率时为什么在线路中通常都接有电流表和电压表？

七、实验报告

1. 用实验测得的数据验证对称三相电路中相电压与线电压、相电流与线电流 $\sqrt{3}$ 倍的关系。

2. 用实验数据和观察到的现象，总结三相四线供电系统中中线的作用。

3. 不对称三角形连接的负载能否正常工作？实验是否能证明这一点？根据不对称负载三角形连接时的相电流值作相量图，并求出线电流值，然后与实验测得的线电流作比较并分析。

4. 完成数据表格中的各项测量和计算任务。比较一瓦特表和二瓦特表法的测量结果。

5. 总结、分析三相电路功率测量的方法与结果。

6. 心得体会及其他。

实验二十二 三相鼠笼式异步电动机

一、实验目的

1. 熟悉三相鼠笼式异步电动机的结构和额定值。
2. 学习检验异步电动机绝缘情况的方法。
3. 学习三相异步电动机定子绕组首、末端的判别方法。
4. 掌握三相鼠笼式异步电动机的启动和反转方法。

二、实验原理

1. 三相鼠笼式异步电动机的结构。异步电动机是基于电磁原理把交流电能转换为机械能的一种旋转电机。三相鼠笼式异步电动机的基本结构有定子和转子两大部分。定子主要由定子铁芯、三相对称定子绕组和机座等组成，是电动机的静止部分。三相定子绕组一般有 6 根引出线，出线端装在机座外面的接线盒内，如图 22-1 所示，根据三相电源电压的不同，三相定子绕组可以接成星形（Y）或三角形（△），然后与三相交流电源相连。转子主要由转子铁芯、转轴、鼠笼式转子绕组、风扇等组成，是电动机的旋转部分。小容量鼠笼式异步电动机的转子绕组大多采用铝浇铸而成，冷却方式一般都采用扇冷式。

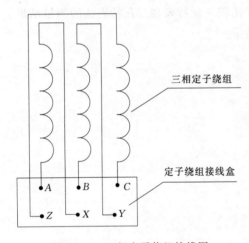

图 22-1 三相定子绕组接线图

2. 三相鼠笼式异步电动机的铭牌。三相鼠笼式异步电动机的额定值标记在电动机的铭牌上，本实验装置三相鼠笼式异步电动机铭牌见表 22-1。

表 22-1

型号	DJ24	电压	380V/220V	接法	Y/△
功率	180W	电流	1.13A/0.65A	转速	1400r/min

表 22-1 说明如下：

（1）功率。额定运行情况下，电动机轴上输出机械功率。

（2）电压。额定运行情况下，定子三相绕组应加的电源线电压值。

（3）接法。定子三相绕组接法，当额定电压为 380V/220V 时，应为 Y/△接法。

（4）电流额定运行情况下，当电动机输出额定功率时，定子电路的线电流值。

3. 三相鼠笼式异步电动机的检查。电动机使用前应作以下必要的检查：

（1）机械检查。检查引出线是否齐全、可靠；转子转动是否灵活、匀称；是否有异常声响等。

（2）电气检查。用兆欧表检查电机绕组间及绕组与机壳之间的绝缘性能。电动机的绝缘电阻可以用兆欧表进行测量，对额定电压 1kV 以下的电动机，其绝缘电阻值最低不得小于 1MΩ，测量方法如图 22-2 所示。一般 500V 以下的中小型电动机最低绝缘电阻为 2MΩ。

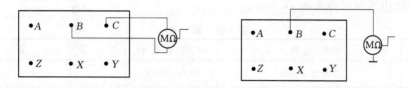

图 22-2　绝缘电阻测量接线图

定子绕组首、末端的判别。异步电动机三相定子绕组的 6 个出线端有 3 个首端和 3 个末端。一般，首端标以 A、B、C，末端标以 X、Y、Z，在接线时如果没有按照首、末端的标记来接，则当电动机起动时磁势和电流就会不平衡，从而引起绕组发热、振动、噪音，甚至电动机不能启动或因过热而烧毁。由于某种原因定子绕组 6 个出线端标记无法辨认，可以通过实验方法来判别其首、末端（即同名端）。方法如下：

用万用表欧姆挡从 6 个出线端中确定哪一对引出线是属于同一相的，分别找出三相绕组，并标记，如 A、X；B、Y；C、Z。将其中的任意两相绕组串联，如图 22-3 所示。

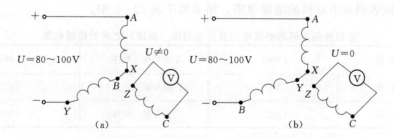

图 22-3　定子绕组首、末端判别电路图
（a）末端与首端相连；（b）末端与末端（首端与首端）相连

将控制屏三相自耦调压器手柄置零位，开启电源总开关，按下启动按钮，接通三相交流电源。调节调压器输出，对串联的两相绕组出线端施加单相低电压 $U=80\sim100\text{V}$，测出第三相绕组的电压，如果测得的电压值有读数，表示两相绕组的末端与首端相连，如图 22-3（a）所示。反之，如果测得的电压近似为 0，则两相绕组的末端与末端（或首端与首端）相连，如图 22-3（b）所示。用同样方法可测出第三相绕组的首、末端。

4. 三相鼠笼式异步电动机的启动。鼠笼式异步电动机的直接启动电流可达额定电流的 4～7 倍，但持续时间很短，不致引起电机过热而烧坏。但对容量较大的电机，过大的启动电流会导致电网电压下降从而影响其他负载的正常运行，通常采用降压启动，最常用的是 Y-△换接启动，可使启动电流减小到直接启动的 1/3。其使用的条件是正常运行必须作△接法。

5. 三相鼠笼式异步电动机的反转。异步电动机的旋转方向取决于三相电源接入定子绕组时的相序，因此只要改变三相电源与定子绕组连接的相序即可使电动机改变旋转方向。

三、实验设备

本实验所用实验设备见表 22-2。

表 22-2 实 验 设 备

序 号	名 称	型号与规格	数 量	备 注
1	三相交流电源	380V、220V	1	
2	三相鼠笼式异步电动机	DJ24	1	
3	兆欧表	500V	1	自备
4	交流电压表	0~500V	1	屏上
5	交流电流表	0~5A	1	屏上
6	万用电表		1	自备

四、实验内容

1. 抄录三相鼠笼式异步电动机的铭牌数据，并观察其结构。

2. 用万用表判别定子绕组的首、末端。

3. 用兆欧表测量电动机的绝缘电阻。结果列于表 22-3 中。

表 22-3 各相绕组之间的绝缘电阻及绕组对地（机座）之间的绝缘电阻

A 相与 B 相	（MΩ）	A 相与地（机座）	（MΩ）
A 相与 C 相	（MΩ）	B 相与地（机座）	（MΩ）
B 相与 C 相	（MΩ）	C 相与地（机座）	（MΩ）

4. 鼠笼式异步电动机的直接启动。

（1）采用 380V 三相交流电源。将三相自耦调压器手柄置于输出电压为 0 的位置；控制屏上三相电压表切换开关置"调压输出"侧；根据电动机的容量选择交流电流表合适的量程。开启控制屏上三相电源总开关，按启动按钮，此时自耦调压器原绕组端 U_1、V_1、W_1 带电，调节调压器输出使 U、V、W 端输出线电压为 380V，3 个电压表指示应基本平衡。保持自耦调压器手柄位置不变，按停止按钮，自耦调压器断电。

按图 22-4 接线，电动机三相定子绕组接成 Y 接法；供电线电压为 380V；实验线路中 Q_1 及 FU 由控制屏上的接触器 KM 和熔断器 FU 代替，可由 U、V、W 端子开始接线，以后各控制实验均同此。

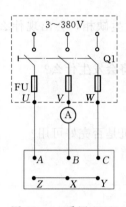

图 22-4　采用 380V
三相交流电源接线图

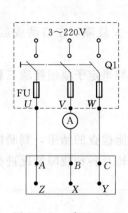

图 22-5　采用 220V
三相交流电源接线图

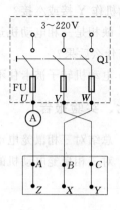

图 22-6　异步
电动机反转电路图

按控制屏上的启动按钮，电动机直接启动，观察启动瞬间电流冲击情况及电动机旋转方向，记录启动电流。当启动运行稳定后，将电流表量程切换至较小量程档位上，记录空载电流。

电动机稳定运行后，突然断开 U、V、W 中的任一相电源（注意小心操作，以免触电），观测电动机作单相运行时电流表的读数并记录，再仔细倾听电机的运行声音有何变化。（可由指导教师作示范操作）

电动机启动之前先断开 U、V、W 中的任一相，作缺相启动，观测电流表读数并记录，观察电动机是否启动，再仔细倾听电动机是否发出异常的声响。

实验完毕，按控制屏停止按钮，切断实验电路三相电源。

（2）采用 220V 三相交流电源。调节调压器输出使输出线电压为 220V，电动机定子绕组接成△接法。按图 22-5 接线，重复（1）中各项内容并记录。

5. 异步电动机的反转。异步电动机反转电路如图 22-6 所示，按控制屏启动按钮，启动电动机，观察启动电流及电动机旋转方向是否反转。实验完毕，将自耦调压器调回零位，按控制屏停止按钮，切断实验电路三相电源。

五、实验注意事项

1. 本实验为高电压实验，接线前（包括改接线路）、实验后都必须断开实验电路的电源，特别是改接电路和拆线时必须遵守"先断电，后拆线"的原则。电机在运转时，电压和转速都很高，切勿触碰导电和转动部分，以免发生人身和设备事故。为了确保安全，学生应穿绝缘鞋进入实验室。接线或改接电路必须经指导教师检查后方可进行实验。

2. 启动电流持续时间很短，且只能在接通电源的瞬间读取电流表指针偏转的最大读数（因指针偏转的惯性，此读数与实际的启动电流数据略有误差），如果错过这一瞬间，须将电机停止，待停稳后，重新启动读取数据。

3. 单相（即缺相）运行时间不能太长，以免过大的电流导致电机损坏。

六、思考题

1. 如何判断异步电动机的 6 个引出线？如何连接成 Y 形或△形？又根据什么来确定

该电动机作 Y 接或△接？

2.缺相是三相电动机运行中的一大故障，在启动或运转时发生缺相，会出现什么现象？有什么后果？

3.电动机转子被卡住不能转动，如果定子绕组接通三相电源将会发生什么？

七、实验报告

1.总结对三相鼠笼电动机绝缘性能检查的结果，判断该电动机是否完好可用？

2.对三相鼠笼电动机的启动、反转及各种故障情况进行分析。

实验二十三 三相鼠笼式异步电动机点动、自锁及正反转控制

一、实验目的

1. 通过对三相鼠笼式异步电动机点动控制和自锁控制电路的实际安装接线，掌握由电气原理图变换成安装接线图的知识。

2. 通过实验进一步加深理解点动控制和自锁控制的特点。

3. 通过对三相鼠笼式异步电动机正反转控制电路的安装接线，掌握由电气原理图接成实际操作电路的方法。

4. 加深对电气控制系统各种保护、自锁、互锁等环节的理解。

5. 学会分析、排除继电—接触控制线路故障的方法。

二、实验原理

继电—接触控制在各类生产机械中获得广泛应用，凡是需要进行前后、上下、左右、进退等运动的生产机械，均采用传统典型的正、反转继电—接触控制。交流电动机继电—接触控制电路的主要设备是交流接触器，其主要构造为：

（1）电磁系统，铁芯、吸引线圈和短路环。

（2）触头系统，主触头和辅助触头，还可按吸引线圈得电前后触头的动作状态，分动合（常开）和动断（常闭）两类。

（3）消弧系统，在切断大电流的触头上装有灭弧罩，以迅速切断电弧。

（4）接线端子，反作用弹簧等。

在控制回路中常采用接触器的辅助触头来实现自锁和互锁控制。要求接触器线圈得电后能自动保持动作后的状态，这就是自锁。通常用接触器自身的动合触头与启动按钮相并联来实现，以实现电动机的长期运行，这一动合触头称为"自锁触头"。使两个电器不能同时得电动作的控制，称为互锁控制，例如为了避免正、反转两个接触器同时得电而造成三相电源短路事故，必须增设互锁控制环节。为操作方便，也为防止因接触器主触头长期大电流的烧蚀而偶发触头粘连后造成的三相电源短路事故，通常在具有正、反转控制的线路中采用既有接触器的动断辅助触头的电气互锁，又有复合按钮机械互锁的双重互锁控制环节。

控制按钮通常用短时通、断小电流的控制回路，以实现近、远距离控制电动机等执行部件的启、停或正、反转控制。按钮是专供人工操作使用。对于复合按钮，其触点的动作规律是：按下时，其动断触头先断，动合触头后合；松手时，则动合触头先断，动断触头后合。

在电动机运行过程中，应对可能出现的故障进行保护。采用熔断器作短路保护，当电动机或电器发生短路时，及时熔断熔体，达到保护线路、保护电源的目的。熔体熔断时间与流过电流的关系称为熔断器的保护特性，这是选择熔体的主要依据。采用热继电器实现过载保护，使电动机免受长期过载的危害。其主要的技术指标是整定电流值，即电流超过此值的 20％ 时，其动断触头应能在一定时间内断开，切断控制回路，动作后只能由人工进行复位。

在电气控制线路中，最常见的故障发生在接触器上。接触器线圈的电压等级通常有 220V 和 380V 两种，使用时必须认清，切勿疏忽，否则，电压过高易烧坏线圈，电压过低吸力不够，不易吸合或吸合频繁，这不但会产生很大的噪声，也会因磁路气隙增大，致使电流过大，容易烧坏线圈。此外，在接触器铁芯的部分端面嵌装有短路铜环，其作用是为了使铁芯吸合牢靠、消除颤动与噪声，若发现短路环脱落或断裂现象，接触器将会产生很大地振动与噪声。

在鼠笼机正反转控制线路中，通过相序的更换来改变电动机的旋转方向。本实验给出两种不同的正、反转控制线路如图 23－1 和图 23－2 所示，具有以下特点：

（1）电气互锁。为了避免接触器 KM1（正转）、KM2（反转）同时得电吸合造成三相电源短路，在 KM1（KM2）线圈支路中串接有 KM1（KM2）动断触头，保证了线路工作时 KM1、KM2 不会同时得电（图 23－1），以达到电气互锁目的。

（2）电气和机械双重互锁除电气互锁外，可再采用复合按钮 SB1 与 SB2 组成的机械互锁环节（图 23－2），以使线路工作更加可靠。

（3）线路具有短路保护、过载保护、失压保护、欠压保护等功能。

三、实验设备

本实验所用实验设备见表 23－1。

表 23－1　　　　　　　　实　验　设　备

序　号	名　称	型　号与规格	数　量	备　注
1	三相交流电源	220V		
2	三相鼠笼式异步电动机	DJ24	1	
3	交流接触器		1	HE－51
4	按钮		2	HE－51
5	热继电器		1	HE－51
6	交流电压表	0～500V		
7	万用电表		1	自备

四、实验内容

认识各电器的结构、图形符号、接线方法；抄录电动机及各电器铭牌数据；并用万用表欧姆挡检查各电器线圈、触头是否完好。鼠笼式异步电动机接成△接法；实验电路电源端接三相自耦调压器输出端 U、V、W，供电线电压为 220V。

1. 点动控制。按图 23-1 所示点动控制电路进行安装接线，接线时，先接主电路，即从 220V 三相交流电源的输出端 U、V、W 开始，经接触器 KM 的主触头，热继电器 FR 的热元件到电动机 M 的三个线端 A、B、C，用导线按顺序串联起来。主电路连接完整无误后，再连接控制电路，即从 220V 三相交流电源某输出端（如 V）开始，经过常开按钮 SB1、接触器 KM 的线圈、热继电器 FR 的常闭触头到三相交流电源另一输出端（如 W）。这是对接触器 KM 线圈供电的电路。接好线路，经指导教师检查后，方可进行通电操作。步骤如下：

（1）开启控制屏电源总开关，按启动按钮，调节调压器输出，使输出线电压为 220V。

（2）按启动按钮 SB1，对电动机 M 进行点动操作，比较按下 SB1 与松开 SB1 电动机和接触器的运行情况。

（3）实验完毕，按控制屏停止按钮，切断实验线路三相交流电源。

2. 自锁控制电路。按图 23-2 所示自锁控制电路进行接线，它与图 23-1 的不同点在于控制电路中多串联 1 个常闭按钮 SB2，同时在 SB1 上并联 1 个接触器 KM 的常开触头，起自锁作用。接好线路经指导教师检查后，方可进行通电操作。步骤如下：

（1）按控制屏启动按钮，接通 220V 三相交流电源。

（2）按启动按钮 SB1，松手后观察电动机 M 是否继续运转。

（3）按停止按钮 SB2，松手后观察电动机 M 是否停止运转。

（4）按控制屏停止按钮，切断实验线路三相电源，拆除控制回路中自锁触头 KM，再接通三相电源，启动电动机，观察电动机及接触器的运转情况，验证自锁触头的作用。实验完毕，将自耦调压器调回零位，按控制屏停止按钮，切断实验线路的三相交流电源。

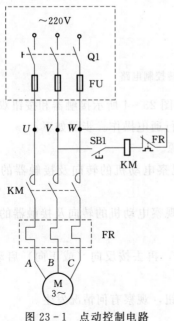

图 23-1　点动控制电路

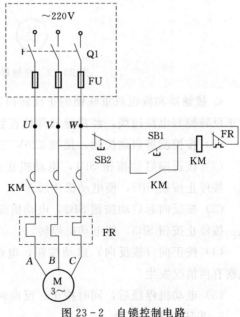

图 23-2　自锁控制电路

3. 接触器联锁的正反转控制电路。按图 23-3 所示接触器联锁的正反转控制电路接线，经指导教师检查后，方可进行通电操作。步骤如下：

（1）开启控制屏电源总开关，按启动按钮，调节调压器输出，使输出线电压为 220V。

（2）按正向启动按钮 SB1，观察并记录电动机的转向和接触器的运行情况。

（3）按反向启动按钮 SB2，观察并记录电动机和接触器的运行情况。

（4）按停止按钮 SB3，观察并记录电动机的转向和接触器的运行情况。

（5）再按 SB2，观察并记录电动机的转向和接触器的运行情况。

（6）实验完毕，按控制屏停止按钮，切断三相交流电源。

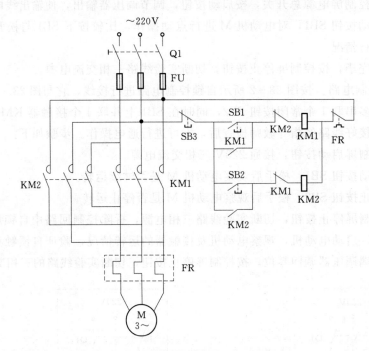

图 23-3　接触器联锁的正反转控制电路

4. 接触器和按钮双重联锁的正反转控制电路。按图 23-4 所示接触器和按钮双重联锁的正反转控制电路接线，经指导教师检查后，方可进行通电操作。步骤如下：

（1）按控制屏启动按钮，接通 220V 三相交流电源。

（2）按正向启动按钮 SB1，电动机正向启动，观察电动机的转向及接触器的动作情况。按停止按钮 SB3，使电动机停转。

（3）按反向起启动按钮 SB2，电动机反向启动，观察电动机的转向及接触器的动作情况。按停止按钮 SB3，使电动机停转。

（4）按正向（或反向）启动按钮，电动机启动后，再去按反向（或正向）启动按钮，观察有何情况发生。

（5）电动机停稳后，同时按正、反向两只起动按钮，观察有何情况发生。

5. 失压与欠压保护。

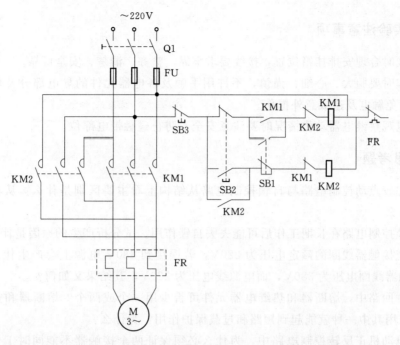

图 23-4　接触器和按钮双重联锁的正反转控制电路

（1）按启动按钮 SB1（或 SB2）电动机启动后，按控制屏停止按钮，断开实验电路三相电源，模拟电动机失压（或零压）状态，观察电动机与接触器的动作情况，随后，再按控制屏上启动按钮，接通三相电源，但不按 SB1（或 SB2），观察电动机能否自行启动。

（2）重新启动电动机后，逐渐减小三相自耦调压器的输出电压，直至接触器释放，观察电动机是否自行停转。

6.过载保护。打开热继电器的后盖，当电动机启动后，人为地拨动双金属片模拟电动机过载情况，观察电机、电器动作情况。注意：此项内容较难操作且危险，有条件可由指导教师作示范操作。

实验完毕，将自耦调压器调回零位，按控制屏停止按钮，切断实验线路电源。

四、故障分析

1.接通电源后，按启动按钮（SB1 或 SB2），接触器吸合，但电动机不转，且发出"嗡嗡"声响或电动机能启动，但转速很慢。这种故障来自主回路，大多是一相断线或电源缺相。

2.接通电源后，按启动按钮（SB1 或 SB2），若接触器通断频繁，且发出连续的劈啪声或吸合不牢，发出颤动声，此类故障原因可能是：

（1）线路接错，将接触器线圈与自身的动断触头串在一条回路上。

（2）自锁触头接触不良，时通时断。

（3）接触器铁芯上的短路环脱落或断裂。

（4）电源电压过低或与接触器线圈电压等级不匹配。

五、实验注意事项

1. 接线时合理安排挂箱位置，接线要求牢靠、整齐、清楚、安全可靠。

2. 操作时要胆大、心细、谨慎，不许用手触及各电器元件的导电部分及电动机的转动部分，以免触电及造成意外损伤。

3. 通电观察继电器动作情况时要注意安全，防止碰触带电部位。

六、思考题

1. 试比较点动控制电路与自锁控制电路从结构上看主要区别是什么？从功能上看主要区别是什么？

2. 自锁控制电路在长期工作后可能失去自锁作用。试分析产生的原因是什么？

3. 交流接触器线圈的额定电压为 220V，若误接到 380V 电源上会产生什么后果？反之，若接触器线圈电压为 380V，而电源线电压为 220V，其结果又如何？

4. 在主回路中，熔断器和热继电器元件可否少用一个或两个？熔断器和热继电器两者能否只采用其中一种就能起到短路和过载保护作用？为什么？

5. 在电动机正反转控制电路中，为什么必须保证两个接触器不能同时工作？采用哪些措施可解决此问题，这些方法有何利弊，最佳方案是什么？

6. 在控制线路中，短路保护、过载保护、失压保护、欠压保护等功能是如何实现的？在实际运行过程中这几种保护有何意义？

七、试验报告

1. 归纳总结试验现象及结果。

2. 回答思考题中的问题。

实验二十四　三相鼠笼式异步电动机 Y-△ 降压启动及能耗制动控制

一、实验目的

1. 了解时间继电器的结构、使用方法、延时时间的调整及在控制系统中的应用。
2. 熟悉异步电动机 Y-△降压启动控制的运行情况和操作方法。
3. 通过实验进一步理解三相鼠笼式异步电动机能耗制动原理。
4. 增强实际连接控制电路的能力和操作能力。

二、实验原理

按时间原则控制电路的特点是各个动作之间有一定的时间间隔，使用的元件主要是时间继电器。时间继电器是一种延时动作的继电器，它从接受信号（如线圈带电）到执行动作（如触点动作）具有一定的时间间隔。此时间间隔可按需要预先整定，以协调和控制生产机械的各种动作。时间继电器的种类通常有电磁式、电动式、空气式和电子式等。其基本功能可分为两类，即通电延时式和断电延时式，有的还带有瞬时动作式的触头。时间继电器的延时时间通常可在 0.4~80s 范围内调节。

按时间原则控制鼠笼式电动机启动的控制电路如图 24-1 所示。从主回路看，当接触器 KM1、KM2 主触头闭合，KM3 主触头断开时，电动机三相定子绕组作 Y 连接；当接触器 KM1 和 KM3 主触头闭合，KM2 主触头断开时，电动机三相定子绕组作△连接。因此，所设计的控制电路若能先使 KM1 和 KM2 得电闭合，然后经一定时间的延时，使 KM2 失电断开，而后使 KM3 得电闭合，则电动机就能实现降压启动后自动转换到正常工作运转。图 24-1 的控制电路能满足上述要求。该线路具有以下特点：

（1）接触器 KM3 与 KM2 通过动断触头 KM3（5~7）与 KM2（5~11）实现电气互锁，保证 KM3 与 KM2 不会同时得电，以防止三相电源的短路事故发生。

（2）依靠时间继电器 KT 延时动合触头（11~13）的延时闭合作用，保证在按下 SB1 后，使 KM2 先得电，并依靠 KT（7~9）先断，KT（11~13）后合的动作次序，保证 KM2 先断，而后再自动接通 KM3，也避免了换接时电源可能发生的短路事故。

（3）本线路正常运行（△接）时，接触器 KM2 及时间继电器 KT 均处断电状态。

（4）由于实验装置提供的三相鼠笼式电动机每相绕组额定电压为 220V，而 Y/△换接启动的使用条件是正常运行时电机必须作△接，故实验时，应将自耦调压器输出端（U、V、W）电压调至 220V。

三相鼠笼电动机实现能耗制动的方法是：在三相定子绕组断开三相交流电源后，在两相定子绕组中通入直流电以建立一个恒定的磁场，转子的惯性转动切割这个恒定磁场而感应电流，此电流与恒定磁场作用，产生制动转矩使电动机迅速停车。

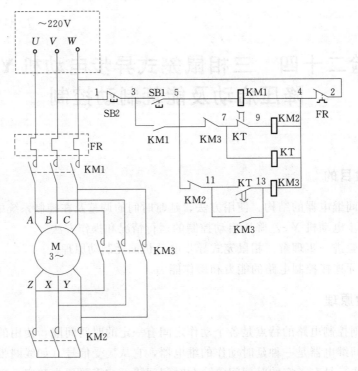

图 24-1 按时间原则控制鼠笼式电动机启动的控制电路

在自动控制系统中，通常用时间继电器按时间原则进行制动过程的控制。根据所需的制动停车时间来调整时间继电器的时延，使电动机刚一制动停车，就使接触器释放，切断直流电源。

能耗制动过程的强弱与进程，与通入直流电流大小和电动机转速有关，在同样的转速下，电流越大，制动作用就越强烈，一般直流电流取为空载电流的 3～5 倍为宜。

三、实验设备

本实验所用实验设备见表 24-1。

表 24-1   **实 验 设 备**

序 号	名 称	型号与规格	数 量	备 注
1	三相交流电源	220V	1	
2	三相鼠笼式异步电动机	DJ24	1	
3	交流接触器		2	HE-51
4	时间继电器		1	HE-52
5	按钮		1	HE-51
6	热继电器		1	HE-51
7	整流变压器	220V/26V，6.3V	1	HE-52
8	整流桥堆		1	HE-52
9	制动电阻	10Ω/25W	1	HE-52
10	万用电表		1	自备

四、实验内容

1. 时间继电器控制 Y-△自动降压启动电路。实验前应了解空气阻尼式时间继电器的结构，并结合 HE-52 实验箱，认清其电磁线圈和延时动合、动断触头的接线端子。用手推动时间继电器衔铁模拟继电器通电吸合动作，用万用表欧姆挡测量触头的通与断，以此来大致判定触头延时动作的时间。通过调节进气孔螺钉即可整定所需的延时时间。

实验电路电源端接自耦调压器输出端（U、V、W），供电线电压为220V。步骤如下：

(1) 按图 24-1 所示电路进行接线，先接主回路后接控制回路。要求按图示的节点编号从左到右、从上到下逐行连接。

(2) 在不通电的情况下，用万用表欧姆挡检查线路连接是否正确，特别注意 KM2 与 KM3 两个互锁触头 KM3（5～7）与 KM2（5～11）是否正确接入。经指导教师检查后，方可通电。

(3) 开启控制屏电源总开关，按控制屏启动按钮，接通 220V 三相交流电源。

(4) 按启动按钮 SB1，观察电动机的整个启动过程及各继电器的动作情况，记录 Y-△换接所需时间。

(5) 按停止按钮 SB2，观察电机及各继电器的动作情况。

(6) 调整时间继电器的整定时间，观察接触器 KM2、KM3 的动作时间是否相应地改变。

(7) 实验完毕，按控制屏停止按钮，切断实验电路电源。

2. 接触器控制 Y-△降压启动电路。按图 24-2 所示电路接线，经指导教师检查后，方可进行通电操作。步骤如下：

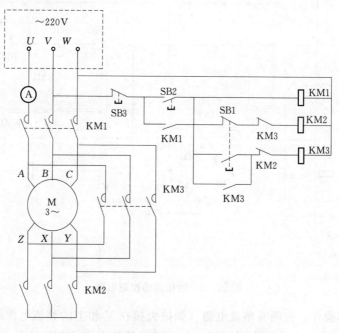

图 24-2　接触器控制 Y-△降压启动电路

（1）按控制屏启动按钮，接通 220V 三相交流电源。

（2）按下按钮 SB2，电动机作 Y 接法启动，注意观察启动时，电流表最大读数 $I_{Y启动}$ = _____ A。

（3）稍后，待电动机转速接近正常转速时，按下按钮 SB2，使电动机为△接法正常运行。

（4）按停止按钮 SB3，电动机断电停止运行。

（5）先按按钮 SB2，再按按钮 SB1，观察电动机在△接法直接启动时的电流表最大读数 $I_{△启动}$ = _____ A。

（6）实验完毕，将三相自耦调压器调回零位，按控制屏停止按钮，切断实验电路电源。

3. 能耗制动控制电路。

（1）鼠笼式电动机接成△接法，实验电路电源端接三相自耦调压器输出（U、V、W），供电线电压为 220V。初步整定时间继电器的时延，可先设置得大一些（约 5～10s）。本实验中，能耗制功电阻 R_T 为 10Ω。

（2）开启控制屏电源总开关，按启动按钮，调节调压器输出，使输出线电压为 220V，按停止按钮，切断三相交流电源。

（3）按图 24-3 所示电路接线，并用万用表检查电路连接是否正确。

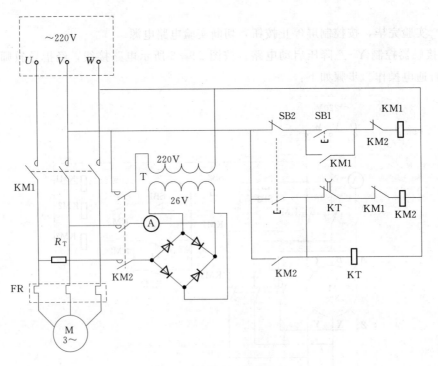

图 24-3 能耗制动控制电路

4. 自由停车操作。先断开整流电源（如拔去接在 V 相上的整流电源线），按 SB1，使电动机启动运转，待电动机运转稳定后，按 SB2，用秒表记录电动机自由停车时间。

5. 制动停车操作。

（1）接上整流电源（即插回接通 V 相的整流电源线），按 SB1，使电动机启动运转，待运转稳定后，按 SB2，观察并记录电动机从按下 SB2 起至电动机停止运转的能耗制动时间 t_Z 及时间继电器延时释放时间 t_F，一般应使 $t_F > t_Z$。

（2）重新整定时间继电器的时延，使 $t_F = t_Z$，即电动机一旦停转便自动切断直流电源。

五、实验注意事项

1. 注意安全，严禁带电操作。

2. 只有在断电的情况下，方可用万用表欧姆挡来检查线路的接线正确与否。

3. 每次调整时间继电器的时延都要摇开挂箱的面板，因此在调整时都必须在断开三相电源后进行，不可带电操作。

4. 接好电路必须经过严格检查，绝不允许同时接通交流和直流两组电源，即不允许 KM1、KM2 同时得电。

六、思考题

1. 采用 Y-△降压启动对鼠笼式电动机有何要求？

2. 如果要用 1 个断电延时式时间继电器来设计异步电动机的 Y-△降压启动控制电路，试问 3 个接触器的动作次序应作如何改动，控制回路又应如何设计？

3. 控制回路中的 1 对互锁触头有什么作用？若取消这对触头对 Y-△降压换接启动有什么影响，可能会出现什么后果？

4. 试画出用三刀两掷开关实现降压启动的手动控制电路。

5. 为什么交流电源和直流电源不允许同时接入电机定子绕组？

6. 电机制动停车需在两相定子绕组通入直流电，若通入单相交流电，能否起到制动作用，为什么？

七、实验报告

1. 归纳总结实验现象和结果。

2. 回答思考题中的有关问题。

参 考 文 献

[1] 秦曾煌 . 电工学（上册）[M] . 7 版 . 北京：高等教育出版社，2009.

[2] 邱关源 . 电路 [M] . 5 版 . 北京：高等教育出版社，2006.

[3] 卓郑安 . 电路与电子实验教程及计算机仿真 [M] . 北京：机械工业出版社，2002.

[4] 天煌教仪高性能电工技术实验台实验指导书 . 2009.

[5] 李瀚苏 . 电路分析基础 [M] . 4 版 . 北京：高等教育出版社，2007.